MAX PLANCK

IN SEINEN AKADEMIE-ANSPRACHEN

ERINNERUNGSSCHRIFT
DER DEUTSCHEN AKADEMIE
DER WISSENSCHAFTEN ZU BERLIN

1948

AKADEMIE-VERLAG · BERLIN

Max Planck

MAX PLANCK

IN SEINEN AKADEMIE-ANSPRACHEN

ERINNERUNGSSCHRIFT
DER DEUTSCHEN AKADEMIE
DER WISSENSCHAFTEN ZU BERLIN

1948

AKADEMIE-VERLAG · BERLIN

Erschienen im Akademie-Verlag GmbH., Berlin NW 7, Schiffbauerdamm 19
Lizenz-Nr. 156 · 2862/48 — 3363/48
Druck ISD Nr. 945/10354 Staatsdruckerei, Berlin SW 68, Kommandantenstr. 7-9
Bestell- und Verlagsnummer 5015

DIESE ERINNERUNGSSCHRIFT WURDE
ANLÄSSLICH DER GEDENKFEIER FÜR

MAX PLANCK

Ordentliches Mitglied der Akademie von 1894-1947
Beständiger Sekretar der mathemat.-naturwissensch. Klasse von 1912-1938

AM LEIBNIZTAGE DER AKADEMIE
DEM 1. JULI 1948, VORGELEGT
VON DER
DEUTSCHEN AKADEMIE DER WISSENSCHAFTEN
ZU BERLIN

MAX PLANCK

GEBOREN AM 23. APRIL 1858 ZU KIEL / STUDIUM DER MATHEMATIK UND PHYSIK AN DEN UNIVERSITÄTEN MÜNCHEN UND BERLIN 1875-1878 / PROMOTION ZUM DOKTOR DER PHILOSOPHIE 1879 IN MÜNCHEN / PRIVATDOZENT FÜR THEORETISCHE PHYSIK AN DER UNIVERSITÄT MÜNCHEN 1880-1885 / AUSSERORDENTLICHER PROFESSOR DER THEORETISCHEN PHYSIK AN DER UNIVERSITÄT KIEL 1885-1889 / AUSSERORDENTLICHER PROFESSOR DER THEORETISCHEN PHYSIK AN DER UNIVERSITÄT BERLIN 1889-1892 / ORDENTLICHER PROFESSOR DER THEORETISCHEN PHYSIK AN DER UNIVERSITÄT BERLIN 1892-1926 / ORDENTLICHES MITGLIED DER PREUSSISCHEN AKADEMIE DER WISSENSCHAFTEN SEIT 1894 / BESTÄNDIGER SEKRETAR DER MATHEMATISCH-NATURWISSENSCHAFTLICHEN KLASSE DER AKADEMIE 1912-1938 / NOBELPREIS FÜR PHYSIK 1920 / PRÄSIDENT DER KAISER-WILHELM-GESELLSCHAFT ZUR FÖRDERUNG DER WISSENSCHAFTEN 1930-1937 / LETZTE LEBENSJAHRE IN GÖTTINGEN 1945-1947 / GESTORBEN ZU GÖTTINGEN AM 4. OKTOBER 1947

Antrittsrede zur Aufnahme in die Akademie vom 28. Juni 1894

In die Empfindung der Freude und des Dankes, die mir das Bewußtsein der hohen Ehre erweckt, der Akademie der Wissenschaften fortan als Mitglied angehören zu dürfen, mischt sich ein Gefühl tiefer Wehmut, wenn ich des teuren, auch dieser Versammlung viel zu früh entrissenen Mannes gedenke, welcher vor nun fünf Jahren an eben dem Feste, das wir heute begehen, in seinen Antrittsworten von dieser Stelle aus den gegenwärtigen Stand und die nächsten Aufgaben der Experimentalphysik geschildert hat.

Mich haben Neigung und Fähigkeiten von jeher auf die theoretische Forschung gewiesen, das einzige Gebiet, auf welchem ich auch in Zukunft Nützliches zu wirken hoffen kann. Dem theoretischen Physiker sind in der Gegenwart ungleich schwerere Aufgaben gestellt als noch vor einem Menschenalter. Damals gab es für jeden, der in der exakten Naturwissenschaft nach großen, einfachen Gedanken, nach einer zusammenfassenden Naturanschauung suchte, nur ein einziges fest bestimmtes, durch das eben entdeckte Energieprinzip zum erstenmal als erreichbar hingestelltes Ziel: die Zurückführung aller Naturvorgänge auf Mechanik. Viele reiche Erfolge hat diese Losung bereits der Wissenschaft eingetragen, und wenn auch die kühne Hoffnung, daß es gelingen werde, jede einzelne Molekel oder gar jedes Atom auf seinen Bahnen messend zu verfolgen, sich nicht verwirklichen konnte, so hat doch in dem regellosen Gewirr der schon in den kleinsten wahrnehmbaren Gasräumen nach Billionen zählenden Molekeln die statistische Methode wertvolle und unerwartete Aufschlüsse über den Zusammenhang mancher bis dahin unvermittelt nebeneinanderstehenden Tatsachen geliefert.

Heutzutage ist in diesem direkt nach dem höchsten Ziel ge- 1 richteten Streben ein Stillstand, eine gewisse Ernüchterung eingetreten. Stellt schon die mathematische Analyse dem weiteren Vordringen in so verwickelte Bewegungsarten zum Teil unüberwindliche Schwierigkeiten entgegen, so ist dafür hauptsächlich doch noch eine tieferliegende Ursache vorhanden. Nicht als ob sich irgendein Umstand gezeigt hätte, welcher die Lösbarkeit des Problems der Zurückführung auf Mechanik in einem Punkte in Frage stellte, etwa dadurch, daß die Begriffe der Mechanik nicht ausreichten, um die ganze bunte Mannigfaltigkeit der Naturerscheinungen zu bewältigen — gerade das Gegenteil ist der Fall: das Problem erscheint, je tiefer gefaßt, um so vieldeutiger. Es gibt heute nicht ein einziges bestimmtes, sondern vielmehr eine Anzahl ganz verschiedenartiger mechanischer Modelle, von denen jedes den Verlauf der einzelnen physikalischen Vorgänge, soweit wir ihn gegenwärtig beurteilen können, widerzuspiegeln beansprucht; alle sind höchst kompliziert, und keins besitzt entscheidende Vorzüge vor den übrigen. Der Forscher also, der sich mit dem näheren Studium eines speziellen von ihm bevorzugten Modells beschäftigt, kann dem unbefriedigenden Gefühl nicht entgehen, daß die Schwierigkeiten, mit denen er dabei zu kämpfen hat, vielleicht nicht der Natur der Sache, sondern einer Unzweckmäßigkeit der von ihm getroffenen Auswahl entspringen.

Eine Entscheidung können bei dieser Lage der Dinge nur neue allgemeine Ideen bringen, und solche müssen von anderer Seite herkommen, sie müssen durch Einführung neuer Postulate dazu verhelfen, den Kreis der Möglichkeiten weiter zu beschränken und so unter der Fülle der Vorstellungen, welche die mechanische Anschauung an und für sich noch zuläßt, eine engere Wahl zu gestatten. Ein derartiges Postulat, welches, obwohl schon alt, besonders durch die jüngsten Entdeckungen auf dem Gebiet der Elektrodynamik erheblich an praktischer Bedeutung gewonnen hat, ist die Ausmerzung von solchen Kräften, die ohne Vermittlung eines Zwischenmediums auf endliche Entfernungen hin wirken. Der hierdurch bedingten großartigen

Vereinfachung der Naturanschauung ist nur diejenige zu vergleichen, welche die Physik schon seit mehreren Jahrhunderten durch die Abschaffung des Zweckbegriffs erzielt hat, insofern hierdurch in ähnlicher Weise die Annahme eines direkten, durch keine Zwischengeschichte vermittelten Zusammenhangs zwischen zwei zeitlich getrennten Vorgängen aufgehoben wurde. Indes von der Aufstellung des Postulates bis zu seiner Durchführung ist ein weiter Weg. Wie in den kosmischen Räumen, so beherrscht in der molekularen Welt die Vorstellung der Anziehung und Abstoßung entfernter Massenpunkte noch heute die meisten Spekulationen, und man muß gestehen, daß der hierfür von einigen Seiten angebotene Ersatz einstweilen noch keineswegs genügt.

Es hat sich daher neuerdings in der physikalischen Forschung auch das Bestreben Bahn gebrochen, den Zusammenhang der Erscheinungen überhaupt gar nicht in der Mechanik zu suchen, indem man die verschiedenen Fäden nicht erst in dem letzten, höchsten Punkte, wo sie allerdings schließlich alle zusammenlaufen müssen, sondern schon früher passend verknüpft. Die ganze neuere Entwickelung der Thermodynamik hat sich unabhängig von der mechanischen Theorie einzig auf Grund der beiden Hauptsätze der Wärmelehre vollzogen, auch die fundamentalen Beziehungen zwischen Elektrodynamik und Optik, zwischen Galvanismus, chemischer Affinität und Thermodynamik sind gefunden worden ganz ohne Rücksichtnahme auf die mechanische Natur der betreffenden Vorgänge. Ebenso steht zu hoffen, daß wir auch über diejenigen elektrodynamischen Prozesse, welche direkt durch die Temperatur bedingt sind, wie sie sich namentlich in der Wärmestrahlung äußern, nähere Aufklärung erfahren können, ohne erst den mühsamen Umweg durch die mechanische Deutung der Elektrizität nehmen zu müssen. Als fester Ausgangspunkt bleiben dann allerdings nur wenige Sätze zurück, vor allem das universale Energieprinzip.

Fast könnte es nach allem diesen den Anschein erwecken, als ob sich die gegenwärtige Richtung in der Physik von der

1*

mechanischen Naturauffassung entferne oder wenigstens ihrer entbehren könne; indes wäre eine solche Anschauung doch nur in beschränktem Sinne richtig. Denn wie auch die Forschung ihre Methoden wechseln mag, immer stellt sie nur eine Vorarbeit dar zur Erreichung des für alle Zeiten unverrückbar feststehenden Zieles, welches in der Herstellung des einen großen Zusammenhangs aller Naturkräfte beruht. Die innigste Form des Zusammenhanges aber — diejenige, ohne welche sich unser Erkenntnistrieb niemals ganz zufrieden geben wird — liegt eben nur in der Identität, und diese wird sich auf keinem physikalischen Gebiet besser durchführen lassen als in der Mechanik.

Der Anteil des Theoretikers an derartigen Fortschritten ist freilich immer nur ein beschränkter. Er kann durch seine Arbeit wohl die Richtung anweisen helfen und kann auch hinterher manche in den beobachteten Tatsachen enthaltene Lücke ausfüllen, aber das ganze Material, mit dem er arbeitet, muß ihm schließlich immer erst durch die Kunst des Experimentators zugeführt werden. Und doch ist seine zusammenfassende Tätigkeit ebenfalls notwendig, gegenwärtig wohl notwendiger als jemals, weil sie eine Ergänzung darstellt zu der in immer unabsehbarere Weiten sich ausbreitenden Einzelforschung. Die Zeiten sind vorüber, wo in einer einzigen Persönlichkeit das Spezielle und das Allgemeine nebeneinander bequem Platz finden konnten. Heute bedarf es dazu schon des Riesengeistes, auf den unsere Akademie ihren höchsten Stolz setzt, und in Zukunft müßte das Wunder noch weit größer sein. Daher bleibt nichts übrig, als daß jeder auf seinem Posten das Gebiet, das er sich auserkoren, gewissenhaft durchforscht und daß die Nachbarn sich vertrauensvoll in die Hände arbeiten.

Mir ist nicht das Glück zuteil geworden, daß ein hervorragender Forscher oder Lehrer in persönlichem Verkehr auf die spezielle Richtung meines Bildungsganges Einfluß genommen hat. Was ich darin gelernt habe, entstammt ausschließlich dem

Studium der Schriften unserer Meister, unter denen ich vor allem die Namen Hermann von Helmholtz, Rudolf Clausius, Gustav Kirchhoff dankbar in Ehren halte. Habe ich mir durch diese heutzutage seltenere Art von Schulung einen verhältnismäßig hohen Grad von Unabhängigkeit des Urteils bewahrt, so ist andrerseits aus demselben Grunde meine Bildung von einer gewissen Einseitigkeit nicht frei geblieben, die ich bedaure, ohne sie nachträglich vollständig beseitigen zu können. Das Wenige aber, was ich vermag, werde ich Zeit meines Lebens freudig in den Dienst des höchsten wissenschaftlichen Berufes stellen, des Berufes dieser Akademie, und damit zugleich mich des Vertrauens wert zu zeigen suchen, welches Ihr Wohlwollen mir bewiesen hat.

Antrittsrede des Hrn. HELLMANN vom 4. Juli 1912
(Leibniztag)

Der Eintritt eines Meteorologen in die Königliche Akademie der Wissenschaften läßt ihn am heutigen Tage zunächst der steten Fürsorge gedenken, welche diese gelehrte Körperschaft von Anfang an der Meteorologie zuwandte, indem sie regelmäßige Wetterbeobachtungen in Berlin anstellen ließ bis zu dem Augenblick, wo der Staat durch die Einrichtung eines besonderen Instituts die Pflege dieses Wissensgebietes in größerem Umfange selbst übernahm.

Die Leiter des Meteorologischen Instituts, mein hochverehrter Lehrer HEINRICH WILHELM DOVE und WILHELM VON BEZOLD, mit dem es mir vergönnt war, 22 Jahre lang zusammen zu arbeiten, haben als Mitglieder der Akademie grundlegende Arbeiten auf dem Gebiete der Meteorologie und des Erdmagnetismus geliefert, waren aber in ihrem Hauptfach Physiker. Wenn ihr Nachfolger im Institut und in der Akademie sich als Meteorologen bezeichnet und wenn fast gleichzeitig in die älteste, die Pariser Akademie der Wissenschaften, zum erstenmal ein solcher als ordentliches Mitglied aufgenommen wurde, so dürfte dies ein Zeichen dafür sein, daß die Meteorologie als Wissenschaft selbständig geworden ist.

Der Königlich Preußischen Akademie der Wissenschaften sage ich darum besonders herzlichen Dank dafür, daß sie durch meine Aufnahme in den Kreis ihrer Mitglieder der Entwicklung dieser Wissenschaft Rechnung trägt.

Die Fortschritte, welche die Meteorologie in den letzten Jahrzehnten gemacht hat, beruhen auf der Verfeinerung und Erweiterung der Beobachtungen sowie auf der Anwendung allgemeiner physikalischer Erkenntnisse auf die Verhältnisse im Luftmeer, weshalb man mit Recht von einer Physik der Atmosphäre spricht. Freilich sind wir noch weit davon entfernt, ein so vollkommenes Lehrgebäude der Atmosphärologie zu besitzen, wie die Physiker oder die Astronomen solche aufweisen können. Gegenüber den ersteren ist der Meteorologe insofern im Nachteil, daß er weder mit der ganzen noch mit einem größeren Teil der Atmosphäre Experimente anstellen kann. Er muß vielmehr die atmosphärischen Erscheinungen, wie sie sich von selbst darbieten, durch Beobachtungen richtig zu erfassen suchen, ohne die Bedingungen ihrer Entstehung beliebig verändern zu können. Dasselbe trifft allerdings auch bei der Astronomie zu; indessen läßt sich die Berechnung der Bewegungen der schweren Himmelskörper, in deren Präzision von jeher der Ruhm der Astronomie begründet war, ungleich genauer ausführen als diejenige der Bewegung eines Luftteilchens, dessen Leichtigkeit und Beweglichkeit der Lösung aller aerodynamischen Probleme ungeheuere Schwierigkeiten entgegenstellt.

Wenn somit die Beobachtungen eine unentbehrliche Grundlage der meteorologischen Forschung bilden, muß das Bestreben dahin gehen, sie in räumlicher wie zeitlicher Beziehung zu vervollständigen. Denn die großen und weitverbreiteten Witterungserscheinungen lassen sich erst dann verstehen, wenn man die Atmosphäre als ein Ganzes erfaßt, dessen einzelne Teile sich gegenseitig beeinflussen. Ein mächtiger Impuls, den das Luftmeer irgendwo erhält, pflanzt sich fort und macht sich noch an weit entfernten Orten bemerkbar. So wissen wir, daß gewisse Wechselwirkungen in der Witterung von Europa und Nordamerika, von Ostindien und Südamerika bestehen; da uns aber aus Mangel an Beobachtungen die Zwischenglieder unbekannt sind, läßt sich der ursächliche Zusammenhang noch nicht feststellen. In dieser Hinsicht hängt also der Fortschritt der Meteorologie ganz von der Erschließung und kulturellen Entwicklung der fremden Erdteile ab.

Aber nicht bloß in horizontaler, sondern auch in vertikaler Erstreckung, weit über die Gipfelobservatorien hinaus, mußte der meteorologische Gesichtskreis erweitert werden. Denn gleichwie aus den Erscheinungen an der Oberfläche des Meeres die Gesetze der Ozeanographie nicht abgeleitet werden können, lassen sich nur aus Beobachtungen am Grunde des Luftmeeres, an dem wir leben, die Vorgänge in der Atmosphäre nicht genügend verstehen. Gerade nach dieser Richtung sind aber in den letzten Jahrzehnten sehr erfreuliche Fortschritte durch die systematische Erforschung der höheren Luftschichten gemacht worden. Sie hat uns interessante Einblicke in die merkwürdige thermische Schichtung der Atmosphäre gewährt und durch die über dem Atlantischen und Indischen Ozean ausgeführten Sondierungen sicher erwiesen, daß die bisherige Theorie von der allgemeinen Zirkulation der Atmosphäre einer gründlichen Revision bedarf. Auch hier werden erst vielfältige neue Beobachtungen, vor allem in niederen Breiten, den offenbar sehr verwickelten Zusammenhang zwischen unteren und oberen Luftströmungen mehr und mehr aufhellen.

Wenn ich zum Schluß meinen eigenen wissenschaftlichen Entwicklungsgang kurz kennzeichnen darf, so möchte ich zunächst hervorheben, daß eine fachliche Ausbildung in der Meteorologie und in der Lehre vom Erdmagnetismus früher in Deutschland kaum möglich war. Wenn mich auch Dove durch sein einstündiges Publikum über Meteorologie sowie durch private Anregungen dieser Wissenschaft zuführte, so war es doch Heinrich Wild, dessen kritischer Sinn und instrumentelles Geschick mir zum Vorbilde wurde, als ich als Volontär an dem von ihm musterhaft geleiteten Physikalischen Zentralobservatorium in St. Petersburg zuerst in die exakteren Arbeitsmethoden beider Gebiete Einsicht gewann. Durch den Aufenthalt an anderen Fachanstalten des Auslandes wurden die so gewonnenen Kenntnisse erweitert, bis ich sie 1879 in den Dienst des Vaterlandes stellen und speziell bei der 1885 beginnenden Neugestaltung des meteorologischen Dienstes in Preußen verwerten konnte.

Von der Überzeugung ausgehend, daß bei dem jetzigen Stande der Meteorologie die Hinzufügung von neuen Tatsachen und positivem Wissen ihr mehr frommt als bloßes Theoretisieren, waren meine eigenen wissenschaftlichen Arbeiten darauf gerichtet, die Beobachtungen exakter zu machen und vor allem, neue Gesetzmäßigkeiten aus ihnen abzuleiten. Wenn dabei auch alle meteorologischen Elemente Berücksichtigung fanden, so habe ich doch dem kompliziertesten von ihnen, dem Niederschlag, am meisten Aufmerksamkeit geschenkt. Daneben war es mir stets eine Freude, mich in Mußestunden mit der Geschichte meiner Wissenschaft zu beschäftigen, ihren Uranfängen im Zweistromland nachzugehen, ihre erste Vertiefung im griechischen Kulturkreis zu verfolgen und den Ursprung der modernen experimentellen Forschung in dem zu Unrecht vielgeschmähten Mittelalter aufzudecken.

Die Fülle der vorhandenen meteorologischen Beobachtungen, wenn sie auch nur von einem beschränkten Teil der Erde vorliegen, ist so groß, daß es mir an Material für weitere Untersuchungen der gedachten Art nicht fehlen kann, und auch in der Geschichte der Meteorologie wie des Erdmagnetismus ist noch so viel Pionierarbeit zu verrichten, daß ich nur wünschen kann, neben den vielen Amtsgeschäften, welche die Leitung eines großen Instituts mit sich bringt, Zeit genug zu erübrigen, um mich auch auf diesem Gebiet weiter betätigen zu können.

Erwiderung des Sekretars Hrn. PLANCK

Geehrter Herr Kollege!

In Ihrer schönen Gedächtnisrede auf unseren unvergeßlichen WILHELM VON BEZOLD, vor fünf Jahren, haben Sie mit besonderer Wärme der stetig gleichbleibenden Harmonie gedacht, welche Sie mit Ihrem langjährigen Chef und Mitarbeiter bis zu seinem Lebensende verband. Dieses beide Teile gleich ehrenden Verhältnisses erinnert sich die Akademie gerne am heutigen Tage, da sie Ihnen als seinem mit aller Sorgfalt auserlesenen Nachfolger ihren Willkommengruß bietet, nachdem Sie schon früher in der Leitung des Meteorologischen Instituts und auf dem Lehrstuhl der Universität zu seinem Ersatz berufen wurden. Sind wir doch sicher, daß es dem Heimgegangenen eine Gewissens- und eine Herzenssache war, Sie dereinst an seiner Stelle zu sehen.

Es dürfte auch nicht schwer fallen, den Grund für die besondere Wertschätzung zu finden, die er Ihnen entgegenbrachte. Bezold war von der Physik her, erst in verhältnismäßig späten Jahren und zum Teil durch das Eingreifen mehr äußerlicher Umstände, zur Meteorologie gekommen, und auch nachdem dies geschehen, innerhalb der Meteorologie stehend, hat er nie aufgehört, sich im Grunde doch noch als Physiker zu fühlen. So mochte in ihm besonders lebhaft der Wunsch rege gewesen sein nach einer Kraft, die geeignet war, seine Wirksamkeit nach der speziell klimatologischen Seite hin noch zu ergänzen.

In Ihnen hatte er den Gesuchten gefunden. Sie sind von jeher in erster Linie Meteorologe gewesen. Schon Ihre Dissertation behandelte ein meteorologisches Thema, dem Meteorologischen Institut gehörten Sie an schon zu einer Zeit, als es noch mit dem statistischen Bureau verbunden war. Ihr Hauptinteresse lag immer auf dem Gebiete der Klimatologie, und dementsprechend haben Sie auch, darin wieder enger an den Altmeister Dove anknüpfend, nicht die dynamische, sondern die statistische Betrachtungsweise zur Grundlage Ihrer Forschungen gemacht.

Indessen wäre es doch verkehrt, die statistische Methode in einen prinzipiellen Gegensatz zur physikalischen bringen zu wollen. Ja, wenn nicht alle Zeichen trügen, so drängt die Entwicklung gerade des neuesten Zweiges der Physik, der Molekular- und Atomphysik, mit Entschiedenheit auf eine statistische Betrachtungsweise hin, welche durch die Häufung zahlreicher unregelmäßig schwankender Einzelereignisse zum Verständnis des Kausalzusammenhangs der elementaren Vorgänge durchzudringen sucht.

Daß die meteorologischen Schwankungsperioden sich nach Stunden, Tagen und Jahren, die molekularen Schwankungsperioden dagegen meistenteils nach winzigen Bruchteilen einer

Sekunde bemessen, ändert natürlich an dem Wesen der statistischen Methode nichts. Wichtiger in diesem Zusammenhang ist der von Ihnen hervorgehobene Umstand, daß der Meteorologe gegen den Physiker insofern im Nachteil ist, als er die Bedingungen der ihn interessierenden atmosphärischen Erscheinungen nicht durch Experimente willkürlich verändern kann. Aber dafür ist er — so möchte ich hinzufügen — andrerseits in der glücklicheren Lage, daß die elementaren Gesetze der atmosphärischen Vorgänge der Luftbewegungen, der Druck- und Temperaturänderungen, der Niederschlagsbildung, ihm mit aller wünschenswerten Genauigkeit bekannt sind.

Wohl liegt die Hoffnung noch im weiten Felde, daß es einmal gelingen werde, durch eine passende Kombination der statistischen mit der dynamischen Methode, etwa im Sinne der Bestrebungen von V. Bjerknes, dem idealen Endziel aller meteorologischen Forschung: der Prognose, etwas näher zu kommen. Einstweilen wird jedenfalls noch auf lange Zeit für die praktische Meteorologie nur die Sammlung und Vergleichung von Beobachtungsdaten in Betracht kommen, und in dieser Hinsicht haben gerade Sie, in erster Linie durch Ihr umfassendes Werk über die Niederschlagsverhältnisse in verschiedenen Provinzen Preußens, eine auch für die Klimatologie anderer Länder vorbildliche Grundlage geschaffen.

Die Akademie kennt Sie aber nicht nur als umsichtigen Forscher und als scharfsinnigen und ideenreichen Bearbeiter vorliegenden Materials, sie schätzt in Ihnen auch den gründlichen Literaturkenner, der zwischen den zeitraubenden Ansprüchen seines Berufes hindurch immer noch Muße findet, sich in die Aufzeichnungen fremder Epochen zu vertiefen und sie sogar durch Neudruck der Allgemeinheit zugänglich zu machen, sie schätzt den geschickten Konstrukteur, dessen Kunst sich namentlich in der Herstellung und Vervollkommnung von selbstregistrierenden Apparaten erfolgreich bewährt hat, und schließlich nicht zum mindesten auch den vielseitigen und unermüdlich tätigen Organisator wissenschaftlicher Arbeit, der den ungemein kunstvoll verzweigten Apparat des ihm unterstellten Instituts mit sicherer Hand meistert und dabei seinen durch die Eindrücke zahlreicher Reisen geschärften Blick stets auch über die Grenzen des engeren Vaterlandes hinaus auf die entsprechenden Einrichtungen und Bestrebungen in anderen Staaten gerichtet hält.

Auf allen diesen Gebieten sieht die Akademie Ihrer Mitarbeit mit Zuversicht entgegen und hofft sich derselben auf lange Jahre hinaus erfreuen zu können.

Erwiderung auf die Antrittsrede des Hrn. SCHWARZSCHILD vom 26. Juni 1913

(Leibniztag)

Fast mag es wie eine Art Anachronismus anmuten, wenn Sie, Hr. Kollege SCHWARZSCHILD, sich heute hier der Akademie als neueingetretenes Mitglied vorstellen. Weilen Sie doch schon seit Jahr und Tag in ihrer Mitte, und schmückt doch schon mehr als eine Frucht Ihrer Arbeit die akademischen Sitzungsberichte. Freilich, wenn man den Blick höher hebt und zurückschaut auf die Entwicklungsperiode des Ihrer Leitung anvertrauten Instituts, dann mag der Zeitpunkt Ihrer Aufnahme in die Akademie noch verhältnismäßig kurz zurückliegend erscheinen. Schon sind sechs Jahre verflossen, seit dem astrophysikalischen Observatorium der Schöpfer und erste Leiter, der Akademie eines ihrer anhänglichsten Mitglieder entrissen wurde, das ihr noch über das Grab hinaus durch eine hochherzige Stiftung ein fortwirkendes Zeichen seiner Hingebung bewiesen hat. Je nachhaltiger sich die Verdienste HERMANN VOGELS um sein Institut auch in der Folgezeit geltend machen, desto mehr Genugtuung wird die Akademie bei Ihrer Zusicherung empfinden, daß die von ihm überkommene Tradition gewissenhafter systematischer Facharbeit, gepflegt von den bewährten Astronomen des Observatoriums, auch fernerhin aufrechterhalten und sachgemäß fortgebildet wird.

Aber Sie haben sich Ihre Ziele noch weiter und in manchem Sinn höher gesteckt als Ihr Vorgänger. Ihre Auffassung von der Aufgabe, die Ihnen mit der Übernahme Ihres Amtes gestellt wurde, ist, wie Sie uns soeben meisterlich auseinandergesetzt haben, durchdrungen von der Überzeugung, daß weder die Astronomie noch die Astrophysik sich genügend vielseitig fortentwickeln kann, wenn man nicht ihre Beziehungen zur allgemeinen Physik und Chemie derart pflegt und fördert, daß sie mit jenen zu einem einzigen Ganzen zusammenwächst, dessen Teile sich gegenseitig ergänzen und stützen. Diese Auffassung bestimmt vom Anbeginn Ihrer wissenschaftlichen Tätigkeit an die Richtung Ihrer Arbeiten. Und die Früchte sind nicht ausgeblieben. Mögen Sie das thermodynamische Gleichgewicht des Sonnenkörpers, mögen Sie den Weg der Lichtstrahlen von ihrer Emission an, ihren Druck auf die kosmischen Massenteilchen, ihren Gang durch das Teleskop, ihre schwärzende Wirkung auf den Film untersuchen, stets stellen Sie die physikalisch-chemische Forschung in den Dienst der astronomischen, und machen dadurch reiche Ernte.

Aber Ihr letztes, höchstes Interesse gehört doch — sofern ich Sie richtig beurteile — den Prinzipienfragen. Dem Prinzip der kleinsten Wirkung haben Sie in einer schlichten, aber dafür um so eindrucksvolleren Abhandlung die Elektronentheorie unterworfen, und das große Stabilitätsproblem beschäftigt Sie von Ihrer Münchener Zeit her bis zum heutigen Tage.

Seltsam und doch gewiß nicht zufällig, daß gerade in diesem nämlichen Problem die scheinbar entgegengesetzten Gebiete der exakten Naturforschung: die Astronomie und die Molekularphysik, zusammentreffen. Und es wäre gewiß nicht das schwächste Kennzeichen für die Ebenbürtigkeit des menschlichen Geistes mit der von ihm in heißem Ringen umworbenen Natur, wenn es ihm gelingen sollte, mit den nämlichen Methoden die Stellarstatistik und die Molekularstatistik zu bewältigen, in einem ungeheuren Gedankensprung die Fixsterne mit den Molekülen vertauschend. Dann mag auch die Erwartung nicht allzu gewagt erscheinen, daß die Lösung der Aufgabe in beiden Fällen ein einigermaßen analoges Gepräge tragen wird.

Sie drücken sich in dieser Beziehung sehr vorsichtig aus, wie sich das für einen richtigen Astronomen geziemt; die Physiker müssen in ihren Behauptungen schon etwas kühner sein, um ihre Sache vorwärts zu bringen, und so will auch ich mit meiner Überzeugung nicht zurückhalten, daß die Grundlage der ganzen bisherigen statistischen Mechanik, die HAMILTONschen Differentialgleichungen, zwar in vielen Fällen, bei nicht zu schnellen Zustandsänderungen, als eine ausgezeichnete Näherung, aber im allgemeinen keineswegs als der exakte Ausdruck der Bewegungsgesetze zu betrachten sein möchten. Was an ihre Stelle zu treten hat, wird sich freilich nicht mit einem Schlage durch hochfliegende Spekulationen, sondern nur langsam und stückweise, durch mühsame, Schritt für Schritt vom Einzelnen zum Allgemeinen aufsteigende Sammelarbeit herbeischaffen lassen.

Es erübrigt sich, des näheren auszuführen, daß eine Arbeitsrichtung wie die Ihrige, die allenthalben nach Berührungspunkten sucht, die überall in dem Vielen die Einheit erblickt, für die akademische Tätigkeit wie prädestiniert erscheint. Möge solcher Wechselwirkung im Gedankenaustausch mit Ihren Kollegen noch manches schöne Resultat entsprießen, und mögen Sie recht häufig als Gegengabe für das hier Empfangene eine Probe Ihrer frischen Höhenluft vom Telegraphenberg in unsern immerhin etwas schwüleren Sitzungssaal mitbringen.

Antrittsrede des Hrn. EINSTEIN vom 2. Juli 1914
(Leibniztag)

Hochgeehrte Kollegen!

Nehmen Sie zuerst meinen tiefgefühlten Dank dafür entgegen, daß Sie mir die größte Wohltat erwiesen haben, die einem Menschen meiner Art erwiesen werden kann. Sie haben es mir durch die Berufung an Ihre Akademie ermöglicht, mich frei von den Aufregungen und Sorgen eines praktischen Berufes ganz den wissenschaftlichen Studien zu widmen. Ich bitte Sie, von meinem Gefühl der Dankbarkeit und von der Emsigkeit meines Strebens auch dann überzeugt zu sein, wenn Ihnen die Früchte meiner Bemühungen als ärmliche erscheinen werden.

Gestatten Sie mir im Anschluß hieran einige allgemeine Bemerkungen über die Stellung, welche mein Arbeitsgebiet, die theoretische Physik, der experimentellen Physik gegenüber einnimmt. Ein befreundeter Mathematiker sagte mir neulich halb scherzhaft: »Der Mathematiker kann schon etwas, aber freilich gerade dasjenige nicht, was man jeweilen von ihm haben will.« Ganz ähnlich verhält es sich oft mit dem theoretischen Physiker, der vom Experimentalphysiker zu Rate gezogen wird. Woher rührt dieser eigentümliche Mangel an Anpassungsfähigkeit?

Die Methode des Theoretikers bringt es mit sich, daß er als Fundament allgemeine Voraussetzungen, sogenannte Prinzipe, benutzt, aus denen er Folgerungen deduzieren kann. Seine Tätigkeit zerfällt also in zwei Teile. Er hat erstens jene Prinzipe aufzusuchen, zweitens die aus den Prinzipen fließenden Folgerungen zu entwickeln. Für die Erfüllung der zweiten der genannten Aufgaben erhält er auf der Schule ein treffliches Rüstzeug. Wenn also die erste seiner Aufgaben auf einem Gebiete bzw. für einen Komplex von Zusammenhängen bereits gelöst ist, wird ihm bei hinreichendem Fleiß und Verstand der

Erfolg nicht fehlen. Die erste der genannten Aufgaben, nämlich jene, die Prinzipe aufzustellen, welche der Deduktion als Basis dienen sollen, ist von ganz anderer Art. Hier gibt es keine erlernbare, systematisch anwendbare Methode, die zum Ziele führt. Der Forscher muß vielmehr der Natur jene allgemeinen Prinzipe gleichsam ablauschen, indem er an größeren Komplexen von Erfahrungstatsachen gewisse allgemeine Züge erschaut, die sich scharf formulieren lassen.

Ist diese Formulierung einmal gelungen, so setzt eine Entwicklung der Folgerungen ein, die oft ungeahnte Zusammenhänge liefert, die über das Tatsachengebiet, an dem die Prinzipe gewonnen sind, weit hinausreichen. Solange aber die Prinzipe, die der Deduktion als Basis dienen können, nicht gefunden sind, nützt dem Theoretiker die einzelne Erfahrungstatsache zunächst nichts; ja er vermag dann nicht einmal mit einzelnen empirisch ermittelten allgemeineren Gesetzmäßigkeiten etwas anzufangen. Er muß vielmehr im Zustande der Hilflosigkeit den Einzelresultaten der empirischen Forschung gegenüber verharren, bis sich ihm Prinzipe erschlossen haben, die er zur Basis deduktiver Entwicklungen machen kann.

In einer derartigen Lage befindet sich die Theorie gegenwärtig gegenüber den Gesetzen der Wärmestrahlung und Molekularbewegung bei tiefen Temperaturen. Vor etwa fünfzehn Jahren zweifelte man noch nicht daran, daß auf der Grundlage der auf die Molekülbewegungen angewendeten GALILEI-NEWTONschen Mechanik und der MAXWELLschen Theorie des elektromagnetischen Feldes eine richtige Darstellung der elektrischen, optischen und thermischen Eigenschaften der Körper möglich sei. Da zeigte PLANCK, daß man zur Aufstellung eines mit der Erfahrung übereinstimmenden Gesetzes der Wärmestrahlung sich einer Methode des Rechnens bedienen muß, deren Unvereinbarkeit mit den Prinzipen der klassischen Mechanik immer deutlicher wurde. Mit dieser Rechenmethode führte PLANCK nämlich die sogenannte Quantenhypothese in die Physik ein, die seitdem glänzende Bestätigungen erfahren hat. Mit dieser

Quantenhypothese stürzte er die klassische Mechanik für den Fall, daß genügend kleine Massen mit hinreichend kleinen Geschwindigkeiten und genügend großen Beschleunigungen bewegt sind, so daß wir heute die von GALILEI und NEWTON aufgestellten Bewegungsgesetze nur mehr als Grenzgesetze gelten lassen können. Aber trotz emsigster Bemühungen der Theoretiker gelang es bisher nicht, die Prinzipe der Mechanik durch solche zu ersetzen, welche PLANCKs Gesetz der Wärmestrahlung bzw. der Quantenhypothese entsprechen. So unzweifelhaft auch erwiesen ist, daß wir die Wärme auf Molekularbewegung zurückzuführen haben, müssen wir heute doch gestehen, daß wir den Grundgesetzen dieser Bewegung ähnlich gegenüberstehen wie die Astronomen vor NEWTON den Bewegungen der Planeten.

Ich habe soeben auf einen Tatsachenkomplex hingewiesen, für dessen theoretische Behandlung die Prinzipe fehlen. Es kann aber ebensogut der Fall eintreten, daß klar formulierte Prinzipe zu Konsequenzen führen, die ganz oder fast ganz aus dem Rahmen des gegenwärtig unserer Erfahrung zugänglichen Tatsachenbereiches herausfallen. In diesem Falle kann es langwieriger empirischer Forschungsarbeit bedürfen, um zu erfahren, ob die Prinzipe der Theorie der Wirklichkeit entsprechen. Dieser Fall bietet sich uns dar bei der Relativitätstheorie.

Eine Analyse der zeitlichen und räumlichen Grundbegriffe hat uns gezeigt, daß der aus der Optik bewegter Körper sich ergebende Satz von der Konstanz der Vakuumlichtgeschwindigkeit uns keineswegs zu der Theorie eines ruhenden Lichtäthers zwingt. Es ließ sich vielmehr eine allgemeine Theorie aufstellen, die dem Umstande Rechnung trägt, daß wir von der Translationsbewegung der Erde bei auf der Erde ausgeführten Versuchen niemals etwas merken. Dabei wird von dem Relativitätsprinzip Gebrauch gemacht, welches lautet: die Naturgesetze ändern ihre Form nicht, wenn man von dem ursprünglichen (berechtigten) Koordinatensystem zu einem neuen, relativ zu ihm in gleichförmiger Translationsbewegung begriffenen übergeht. Diese Theorie hat nennenswerte Bestätigungen durch die Erfahrung erhalten und hat zu einer Vereinfachung der theoretischen Darstellung bereits in Zusammenhang gebrachter Tatsachenkomplexe geführt.

Anderseits aber gewährt diese Theorie vom theoretischen Gesichtspunkte aus nicht die volle Befriedigung, weil das vorhin formulierte Relativitätsprinzip die gleichförmige Bewegung bevorzugt. Wenn es nämlich wahr ist, daß der gleichförmigen Bewegung vom physikalischen Standpunkte aus eine absolute Bedeutung nicht zugeschrieben werden darf, so liegt die Frage auf der Hand, ob diese Aussage nicht auch auf ungleichförmige Bewegungen auszudehnen sei. Es zeigte sich, daß man zu einer ganz bestimmten Erweiterung der Relativitätstheorie gelangt, wenn man ein Relativitätsprinzip in diesem erweiterten Sinne zugrunde legt. Man wird dabei zu einer allgemeinen, die Dynamik einschließenden Theorie der Gravitation geführt. Es fehlt aber vorläufig das Tatsachenmaterial, an dem wir die Berechtigung der Einführung des zugrunde gelegten Prinzips prüfen könnten.

Wir haben festgestellt, daß die induktive Physik an die deduktive und die deduktive an die induktive Fragen stellt, deren Beantwortung die Anspannung aller Kräfte erfordert. Möge es bald gelingen, durch vereinte Arbeit zu endgültigen Fortschritten vorzudringen!

Erwiderung des Sekretars Hrn. PLANCK

Sie haben, Hr. Kollege EINSTEIN, durch Ihre Antrittsworte mir die Aufgabe wesentlich erleichtert, eine Begründung dafür zu geben, daß die Akademie das Zusammentreffen mehrerer außerordentlich glücklicher und außerordentlich dankenswerter Umstände gern benutzt hat, um Sie in ihren Kreis zu ziehen. Denn ich habe dem von Ihnen Gesagten nur noch das eine ergänzend hinzuzufügen, daß Sie, wie Ihre Arbeiten gezeigt haben, das Programm des theoretischen Physikers nicht bloß zu formulieren, sondern auch durchzuführen verstehen. Beide Seiten der von Ihnen geschilderten Tätigkeit, die schöpferische sowohl wie die deduktive, sind für den Fortschritt der Wissenschaft notwendig, beide müssen sich, auch in dem einzelnen Forscher, ergänzen, beiden ist auch die Wirksamkeit unserer Akademie gewidmet, und zwar nicht nur in der Physik, sondern, mehr oder weniger ausgesprochen, in jeder der durch sie vertretenen Wissenschaften.

Aber trotz dieser gleichmäßigen Unentbehrlichkeit der beiden Arbeitsmethoden ist es doch nur menschlich und natürlich, daß den einzelnen Begabung und Neigung zur Bevorzugung der einen vor der anderen führen, und wenn Sie sich über diesen Punkt auch nicht ausdrücklich verbreitet haben, so kenne ich Sie doch gut genug, um die Behauptung wagen zu dürfen, daß Ihre eigentliche Liebe derjenigen Arbeitsrichtung gehört, in welcher die Persönlichkeit sich am freiesten entfaltet, in der die Einbildungskraft ihr reichstes Spiel treibt und der Forscher sich am ersten dem behaglichen Gefühl hingeben kann, daß er nicht so leicht durch einen anderen zu ersetzen ist. Freilich droht ihm dabei auch am ehesten die Gefahr, sich gelegentlich in allzu dunkle Gebiete zu verlieren und plötzlich unversehens auf harten Widerspruch zu stoßen, sei es von seiten der Theoretiker oder, was schlimmer ist, von seiten der Experimentatoren. Aber gerade in solchem Kampf wird die Wissenschaft am besten gefördert, und man darf für diese Art von Kräften gewiß das SCHILLERsche Wort variieren: »Großes wirket ihr Bund, Größeres wirket ihr Streit.«

So werden Sie es mir auch heute sicherlich nicht verargen, wenn ich, im vollen Bewußtsein des vielen, was uns eint, einen Augenblick bei solchen Punkten verweile, in welchen unsere Ansichten sich trennen. Zwar will ich nicht mit Ihnen rechten über die Art des Unterschieds, den Sie machen zwischen einer Rechenmethode und einem Prinzip, insbesondere darüber, wie es möglich ist, daß ein Prinzip durch eine Rechenmethode gestürzt werden kann; denn es würde sich da schließlich doch nur um Worte handeln, da wir uns sachlich ganz gewiß ohne weiteres restlos verständigen würden.

Aber in einem anderen, wichtigeren Punkte kann ich doch der Versuchung nicht widerstehen, meinen Einspruch anzumelden. Wenn Sie das Prinzip der Relativität in der zuerst von Ihnen formulierten Fassung aus dem Grunde nicht voll befriedigend nennen, weil es unter den verschiedenen Arten von Bewegungen die gleichförmige Bewegung bevorzugt, so könnte man, wie ich meine, ebensogut auch umgekehrter Ansicht sein und gerade in der Bevorzugung der gleichförmigen Bewegung ein besonders wichtiges und wertvolles Merkmal der Theorie, in der Durchführung dieser Auffassung einen besonderen Fortschritt der Wissenschaft erblicken. Denn die Naturgesetze, nach denen wir suchen, stellen doch stets gewisse Beschränkungen dar, nämlich eine gewisse spezielle Auswahl aus dem unendlich mannigfaltigen Bereich der überhaupt denkbaren logisch widerspruchsfreien Beziehungen.

Oder wollen wir etwa das NEWTONsche Attraktionsgesetz deshalb unbefriedigend finden, weil darin gerade die Potenz 2 eine bevorzugte Rolle spielt? Wir sehen doch vielmehr in diesem Umstand eine natürliche Folge der Dreidimensionalität unseres Raumes, die wir als eine gegebene Tatsache hinnehmen, ohne uns, als vernünftige Physiker, weiter darüber zu beunruhigen, warum der Raum nicht vier oder noch mehr Dimensionen besitzt. Ähnlich könnten wir vielleicht die Bevorzugung der gleichförmigen Bewegung in engen Zusammenhang bringen mit dem besonderen Vorrecht, welches die gerade Linie unter allen räumlichen Linien nun einmal tatsächlich auszeichnet.

Es kommt hinzu, daß auch in Ihrem verallgemeinerten Relativitätsprinzip die Bedingung für die Berechtigung eines Koordinatensystems nur weiter gefaßt, nicht aber ganz aufgehoben wird; denn daß nicht alle beliebigen Koordinatensysteme berechtigt sein können, haben Sie selber erst kürzlich bewiesen. Eine Grenze für die Berechtigung muß also in jedem Falle konstatiert werden; es fragt sich nur, ob dieselbe enger oder weiter zu ziehen ist.

Doch bei alledem: Sie wissen so gut wie ich, verehrter Hr. Kollege, daß es sich bei diesen Meinungsverschiedenheiten nicht um Gegensätze der Erkenntnis, sondern um Gegensätze der Erwartung handelt, mit der wir der Beantwortung einer an die Natur gestellten Frage entgegensehen. Und nicht darin, wie die Antwort ausfallen wird, sondern darin, daß überhaupt eine vollständige Beantwortung, früher oder später, in sicherer Aussicht steht, liegt die hohe, niemals anfechtbare Bedeutung der von Ihnen entwickelten Theorie begründet. Hoffen wir, daß schon die am 21. August d. J. bevorstehende Sonnenfinsternis, an deren Erforschung sich auch unsere Akademie durch Bewilligung besonderer Mittel beteiligt hat, die nach dieser Richtung in sie gesetzten Erwartungen rechtfertigt. Wie dann auch das Ergebnis sein wird, in jedem Falle stehen wir vor einer wertvollen Bereicherung unserer Wissenschaft, in welcher sich, wie wir nicht ohne einen gewissen Stolz sagen dürfen, leichter als in anderen Wissenschaften die schärfsten sachlichen Gegensätze in persönlicher Hochschätzung und in herzlich freundschaftlicher Gesinnung austragen lassen. Daß dies sich auch im vorliegenden Falle bewahrheiten wird, das lassen Sie mich zum Schluß nicht nur als frommen Wunsch, sondern als erfreuliche, aus vielfacher Erfahrung geschöpfte Gewißheit aussprechen!

Aus der Ansprache vom 1. Juli 1915
(Leibniztag)

Unserer Akademie sind ihre Aufgaben vorgezeichnet worden durch den Mann, dessen Andenken wir heute feiern, der ihr erster Leiter und lange Jahre hindurch ihre eigentliche Seele war. Zwar mag eine Erinnerung an die Gesinnungen und die Ideale des Weltbürgers LEIBNIZ gerade im gegenwärtigen Augenblick einigermaßen fremdartig anmuten und keine besonders erhebenden Eindrücke versprechen. Nicht als ob LEIBNIZ ein schlechter oder auch nur ein lauer Patriot gewesen wäre. Denn er hing mit warmer, ja glühender Liebe an seinem deutschen Vaterland, soweit zu seinen Lebzeiten von einem solchen die Rede sein konnte, und bewies dies durch sein unablässiges Eintreten für dessen kostbarsten, damals so ziemlich einzigen gemeinsamen Schatz: die deutsche Sprache, deren Verbesserung und Einführung auch in den Betrieb der Wissenschaft er wiederholt energisch befürwortete. Aber ihre Pflege zu einer der großen Aufgaben der Akademie zu machen, ist ihm doch nicht direkt in den Sinn gekommen. Dieser Gedanke stammt vielmehr bekanntlich von dem Kurfürsten FRIEDRICH selber, der damit zugleich auch den ersten Schritt zur Einrichtung unserer philosophisch-historischen Klasse getan hat.

LEIBNIZ' unmittelbare Interessen griffen weiter hinaus, sie zielten auf eine allgemeine Veredelung und Verbrüderung der ganzen Menschheit, unter dem einigenden Szepter der Wissenschaft. »Ich halte den Himmel für das Vaterland und alle wohlgesinnten Menschen für dessen Mitbürger«, so schrieb er vor 200 Jahren an PETER DEN GROSSEN, und man wird nicht fehlgehen, wenn man in dieser Versicherung mehr erblickt als nur eine ebenso kluge wie würdige Form, sich bei dem hohen Adressaten vorteilhaft einzuführen.

Denn aus dieser Gesinnung erwuchsen seine Leistungen, aus ihr seine ans Wunderbare grenzende Arbeitskraft und Ausdauer, aus ihr seine nie rastende Unternehmungslust, die ihn mit allen geistigen Zentren der Welt, bis hinüber zum Fernen Osten, in Berührung brachte — aus ihr aber auch, so dürfen wir wohl hinzufügen, das trübe Schicksal seines Lebens, welchem die im Grunde unnatürliche Verquickung wissenschaftlicher und politischer Geschäftigkeit schließlich zum Verhängnis wurde, eine Tragik, deren innere Notwendigkeit uns gerade heute erschreckend deutlich vor Augen geführt wird.

So ist es gekommen, daß mit dem unrühmlichen Abgang ihres ersten Präsidenten auch seine Schöpfung, auf die er einst seine größten Hoffnungen gesetzt hatte, dahinzusiechen begann und ihr kümmerliches Dasein zeitweise nur mit einem äußerst dünnen Kontinuitätsfaden fortzuspinnen vermochte — nicht einmal ihren Namen konnte die Leibnizsche Sozietät der Wissenschaft bis in die Gegenwart retten, — und die Leibnizschen Ideale von der allgemeinen Verbrüderung der Menschheit, sie liegen heute zerbrochen am Boden.

Und dennoch durfte sich unsere Akademie zu keiner Zeit mit stolzerem Recht die Leibnizsche nennen als gerade heutzutage. Denn nicht der Name, nicht die Art der Organisation, nicht das Weltbürgertum, nicht das, was man in wohlklingender, aber nicht ganz unbedenklicher Analogie den Großbetrieb der Wissenschaft nennt, machen das Wesen des Besten aus, was die Akademie ihrem Stifter verdankt, sondern der Geist, den er ihr einflößte und der sich schon in der ersten akademischen Schrift, den Miscellanea Berolinensia vom Jahre 1710, ankündigt: jener Geist, der die Wissenschaft befreit hat von den Banden mittelalterlicher Scholastik, der sie herausgeführt hat aus den Zirkelgängen inhaltloser Spekulationen, der wirklich neue Erkenntnis schaffen lehrte auf der Grundlage von Beobachtung, Experiment, Quellenforschung, mit beständiger Kontrolle durch den unfehlbarsten Regulator: das praktische Leben mit seinen unendlich vielfach verschlungenen materiellen und geistigen Interessen.

Aus der Ansprache vom 3. Juli 1919

(Leibniztag)

In ernster, schicksalsschwerer Stunde vereinigt sich die Akademie zu der jährlichen Festsitzung, welche dem Andenken ihres Schöpfers Leibniz gewidmet ist. Der furchtbarste Krieg, den die Welt gesehen hat, ist beendigt, aber was tiefer brennt als alle seine Schrecknisse und Leiden, das ist die Schmach des uns von den Feinden aufgezwungenen Friedensschlusses. Wehrlos liegt Deutschland darnieder, blutend aus tausend Wunden und, was schlimmer ist, durchzuckt von inneren Fieberschauern, deren Hartnäckigkeit die Aussicht auf eine dereinstige Gesundung beinahe auszuschließen scheint. Wohl mag manchen, auch unter denen, die bisher noch tapferen Mut bewahrt haben, in dunklen Augenblicken der Gedanke völliger Hoffnungslosigkeit anwandeln. Und doch wäre gerade jetzt, in dieser für die Geschichte unseres Volkes vielleicht auf immer entscheidenden Zeit, nichts verwerflicher und schmachvoller als die Neigung, die Hände in den Schoß zu legen und in dumpfem Hinbrüten die Erfüllung des Schicksals zu erwarten. Denn je ernster die Not der Stunde droht, je unabwendlicher das Verhängnis heranzunahen scheint, um so schwerer lastet auf jedem einzelnen Angehörigen des heutigen Geschlechts die Verpflichtung zur Rechenschaft, die er einst der Nachwelt darüber wird ablegen müssen, ob er auch wirklich alles, was in seinen Kräften stand, getan hat, um das Hereinbrechen des gänzlichen Unterganges abzuwehren. Am allerschwersten aber trifft die Verantwortung diejenigen, denen ein gütiges Geschick nicht nur die Arbeitsfähigkeit bewahrt, sondern dazu noch wertvolle Güter in die Hand gegeben und zur Pflege überlassen hat.

Auch unserer Akademie ist ein besonders kostbares Pfand zur Verwaltung und Vermehrung anvertraut worden. Zwar, was die Bewertung der reinen Wissenschaft betrifft, so machen sich gerade gegenwärtig recht verschiedenartige Ansichten geltend. Der Geist ist es, der die Tat gebiert, im politischen und wirtschaftlichen Leben nicht anders als in der Wissenschaft und in der Kunst. Darum war eine treue zielbewußte Pflege der geistigen Güter niemals nötiger als in der jetzigen Zeit der beginnenden allgemeinen wirtschaftlichen Verarmung. Daß sie sich auch nach der materiellen Seite belohnen kann, zeigt jedem, der sehen will, der Blick auf den gewaltigen Aufschwung, den unser Volk im vorigen Jahrhundert aus tiefer Armut und Knechtschaft heraus genommen hat.

Freilich kann gerade die Wissenschaft niemals auf unmittelbares Interesse in der breiten Öffentlichkeit rechnen; ja man darf sagen, daß die reine Wissenschaft ihrem Wesen nach unpopulär ist. Denn das geistige Schaffen, bei dem der arbeitende Forscher in heißem Ringen mit dem spröden Stoff zu gewissen Zeiten einen einzelnen winzigen Punkt für seine ganze Welt nimmt, ist, wie jeder Zeugungsakt, eigenstes persönliches Erlebnis und erfordert eine Konzentration und eine Spezialisierung, die einem Außenstehenden ganz unverständlich bleiben muß. Erst wenn das Erzeugnis zu einer gewissen Reife gediehen ist, vermag es auch nach außen zu wirken und einen seiner Bedeutung entsprechenden Eindruck zu erwecken. Darum würde jeder wenn auch wohlgemeinte Versuch, die wissenschaftliche Forschung durch Hemmung ihres natürlichen Triebes nach Spezialisierung gemeinverständlich zu machen, schließlich mit Notwendigkeit zu einer Verflachung und Verarmung des ganzen öffentlichen wissenschaftlichen Lebens führen. Man würde damit gerade demselben Strome, dessen belebende Kraft in ununterbrochenem Flusse der Allgemeinheit zugute kommen soll, die still im Verborgenen rieselnden Quellen abgraben. Der wahrhaft soziale Geist äußert sich nicht darin, daß die Arbeit möglichst gleichmäßig auf alle verteilt wird, sondern dadurch, daß man jeden einzelnen nach seiner Eigenart für die Allgemeinheit arbeiten läßt, und zwar um so selbständiger, je schwerer er durch andere ersetzt werden kann. Nur unter dieser Voraussetzung wird es auch gelingen können, dem so tief beklagenswerten Mangel an Arbeitsfreudigkeit allmählich wieder abzuhelfen. Es scheint gegenwärtig in manchen Kreisen unseres Volkes leider ganz in Vergessenheit geraten zu sein, daß man seine Arbeit auch um ihrer selbst willen lieben kann, daß die Arbeit unter normalen Umständen einen Quell der Befriedigung, des Trostes, des körperlichen und geistigen Wohlbefindens vorstellt; daß sie auch die Empfänglichkeit für die kleinen Freuden des Lebens viel wirksamer steigert, als alle die Tagesvergnügungen vermögen, mit denen oberflächliche Naturen sich über den bitteren Ernst der Zeit und die trüben Ausblicke in die Zukunft auf kurze Stunden hinwegzutäuschen suchen.

In unserem wissenschaftlichen Leben hat, das darf man ohne Überhebung sagen, die Arbeitsfreudigkeit bis heute noch keine merkliche Einbuße erfahren. Unter schwierigen und oft äußerst bescheidenen Verhältnissen sind die Gelehrten, selbst auf die Gefahr hin, der Weltfremdheit geziehen zu werden, auch in den letzten aufregenden Zeiten ihrem Beruf treu geblieben, und dieser stillen Arbeit haben wir es mit zu verdanken, daß die deutsche Wissenschaft noch auf voller Höhe steht, ja, daß sie auf manchen Gebieten auch heute eine führende Rolle im internationalen Wettbewerb spielt. Wie lange noch, das wird davon abhängen, welcher Geist sie weiter beseelen wird, aber auch davon, welches Maß von Interesse und Unterstützung ihr von seiten weiterer Kreise entgegengebracht werden wird.

Erwiderung auf die Antrittsreden der HH. Schmidt und Carathéodory vom 3. Juli 1919
(Leibniztag)

Wenn die Akademie heute Sie Beide, Hr. Schmidt und Hr. Carathéodory, gemeinsam in ihrer Mitte willkommen heißt, so würdigt sie damit ganz besonders die Bedeutung dieses für die Vertretung der Mathematik in unserer Körperschaft so wichtigen Tages. Darf man ihn doch zugleich auch in gewissem Sinne als den Abschluß einer nun zu Ende gegangenen Ära bezeichnen, in deren Mittelpunkt einstmals durch lange Jahre hindurch die Namen des Dreigestirns Weierstrass, Kummer, Kronecker glänzten. Wir sehen damit eine Forderung erfüllt, welche unsere Vertreter der Mathematik schon seit längerer Zeit erhoben haben und bei jeder Gelegenheit immer wieder zu betonen nicht müde geworden sind: dem altehrwürdigen Stamm durch Aufsetzung jüngerer Reiser frische Säfte zuzuführen und dadurch zu neuer Blüte zu verhelfen.

Wenn ich den Versuch wagen darf, die Eigenart der neuen Anregung, um welche die mathematische Forschung durch diesen Zuwachs bereichert worden ist, durch ein kurzes Begleitwort zu kennzeichnen, so möchte ich sie in einer gewissen Rückkehr zur Natur erblicken. Doch möchte ich nicht dahin mißverstanden werden, als ob es mir in den Sinn käme, die Souveränität der Mathematik auf ihrem Gebiete anzutasten. Beruht doch gerade auf dieser Souveränität, in der ihr keine andere Wissenschaft gleichkommt, der vornehme Zauber, den ihre stolze Schönheit auszuüben vermag. Aber anderseits ist es doch auch unzweifelhaft, daß die Mathematik, ebenso wie sie ursprünglich von einer natürlichen Beschäftigung, nämlich vom Zählen, ausgegangen ist, auch heute noch durch Fragen der Naturwissenschaft zu ihren bedeutendsten Problemen fortwährend neu angeregt und insofern auch befruchtet wird. Vielleicht liegt sogar hierin eine Erklärung für die merkwürdige Tatsache, die Sie, Hr. Schmidt, in Ihren Anfangsworten betont haben, daß eine bedeutende mathematische Schöpfung keineswegs immer dann zu entstehen pflegt, wenn der Boden für sie fertig bereitet ist, sondern daß manchmal Generationen darüber vergehen, bis sie durch einen scheinbar zufälligen, der Sache an sich genommen fremden Anstoß ans Tageslicht gefördert wird. Kein Beispiel kann diese Auffassung besser bekräftigen als der von Ihnen berührte Zusammenhang der Theorie der Integralgleichungen mit der Potentialtheorie.

Und Sie, Hr. Carathéodory, haben selber mit Wärme auf den doppelten Reiz hingewiesen, der der Variationsrechnung innewohnt: den einen, unmittelbaren, der wohl darauf beruht, daß sie den Blick von dem schwer entwirrbaren Einzelnen auf das leichter überschaubare Ganze lenkt und eben dadurch die Möglichkeit gewinnt, eine Fülle von Einzelaussagen in einen einzigen einfachen Satz zusammenzufassen, und den anderen, noch merkwürdigeren, der damit zusammenhängt, daß offenbar nicht nur der Mensch, sondern auch die Natur diese besondere Art der Betrachtungsweise begünstigt, mag man nun diesen eigentümlichen Umstand mit unserem Leibniz als eine prästabilierte Harmonie oder auf eine andere Weise bezeichnen. Es ist der nämliche Reiz, welcher einst unseren berühmten Präsidenten Maupertuis bei der Aufstellung seines Prinzips der kleinsten Wirkung begeisterte, freilich später ihm auch zum Verhängnis wurde, weil er noch nicht so leicht und sicher, wie das die heutigen Mathematiker verstehen, mit dem scharfen Werkzeug der Variationsrechnung umzugehen wußte.

Wenn nun heute mit Ihnen Beiden eine jüngere Mathematikergeneration ihren Einzug in unsere Akademie hält, so haben wir dabei den Eindruck, daß Sie sich nach Ihrer Arbeitsrichtung wie nach Ihrer Persönlichkeit gegenseitig in vortrefflicher Weise ergänzen. Der mehr analytischen Orientierung auf der einen Seite steht eine mehr geometrische auf der anderen gegenüber. Ebenso der spezifisch deutschen Bildung ein durch langjährige Tätigkeit im Ausland nach verschiedenartigen Richtungen bereicherter Ideenschatz. Was anderseits Ihre wissenschaftliche Laufbahn betrifft, so hat zwar Ihnen Beiden die Wiege in Göttingen gestanden, aber gerade Sie, Hr. CARATHÉODORY, sind auch fernerhin mit dem Göttinger Kreise mehr oder weniger eng verbunden geblieben, während Sie, Hr. SCHMIDT, es bald vorgezogen haben, Ihren Weg mehr nach selbständiger Richtung zu lenken.

Doch ich will mich nicht weiter an einer Analyse versuchen, die im besten Falle nur sehr unvollkommen bleiben müßte, sondern lieber namens der Akademie der Freude Ausdruck geben, Sie Beide gewonnen zu haben, und der Hoffnung, daß in Zukunft noch manche Frucht Ihrer wissenschaftlichen Tätigkeit unsere akademischen Schriften schmücken wird.

Antrittsrede des Hrn. von Laue vom 30. Juni 1921

(Leibniztag)

Meine wissenschaftliche Tätigkeit begann mit Arbeiten über Optik, namentlich über ihren Zusammenhang mit den Prinzipien der Statistik und Thermodynamik. Plancks Begriffsbestimmung der »natürlichen Strahlung« verwandte ich, um zu untersuchen, wie sich solche in einem dispergierenden Körper fortpflanzt. Es folgten hier in Berlin, unter lebhafter Unterstützung durch Planck, Arbeiten über die Thermodynamik der Interferenzerscheinungen. Es handelte sich bei ihnen darum, ob man die Entropie in einem System mehrerer Lichtstrahlen ohne Rücksicht auf die Frage nach ihrer Kohärenz berechnen darf, wie man bis dahin wohl stets stillschweigend angenommen hatte. Die Betrachtung der Interferenzerscheinungen zeigte aber, daß man bei diesem Verfahren mit dem zweiten Hauptsatz in Widerspruch gerät, und in der Tat fordert Boltzmanns Zurückführung der Entropie auf Wahrscheinlichkeit eine Sonderstellung kohärenter Strahlen.

Als Ende 1905 Einstein die Relativitätstheorie begründet hatte, zog mich dieser neue Gedankenkreis mächtig in seinen Bann. Die Frage, ob sich der Fizeausche Interferenzversuch am strömenden Wasser in ihn einfüge, war der Gegenstand meiner ersten kleinen Untersuchung darüber. Es folgten weitere Einzelanwendungen des neuen Prinzips, mittels deren ich mich allmählich immer mehr in dies Gebiet einlebte. Das hat einige Zeit beansprucht; denn die vielen Bedenken, welche jetzt fast täglich gegen die Relativitätstheorie vorgebracht werden, habe ich wohl zum größten Teil damals selbst zeitweise gehegt und nur Schritt für Schritt überwunden. Als das geschehen war, schrieb ich freilich mit größter Begeisterung und darum ziemlich rasch das Buch über das Relativitätsprinzip der Lorentztransformation; ihm wird sich in den nächsten Wochen ein zweiter Band anschließen, der die allgemeine Relativitätstheorie behandelt.

Meine Übersiedlung nach München im Jahre 1909 brachte mich an eine Universität, an welcher durch RÖNTGENs und von GROTHs Wirken einerseits viel von den Röntgenstrahlen, andererseits von dem Raumgitterbau der Kristalle die Rede war. Bei den Röntgenstrahlen schwebte damals noch die Frage, ob sie, wie STOKES und WIECHERT, W. WIEN und SOMMERFELD wollten, elektromagnetische Wellen geringer Wellenlänge oder, wie BRAGG und andere meinten, eine Korpuskularstrahlung darstellten. Für beide Ansichten ließen sich Gründe angeben, und wir wollen betonen, daß infolge des Hineinspielens von Quantenerscheinungen bis zum heutigen Tage nicht alle Beobachtungen an ihnen wellentheoretisch erklärt sind, wie das übrigens auch beim Licht der Fall ist. Dennoch ließ sich die Entscheidung zwischen beiden Ansichten überzeugend treffen, und zwar genau wie am Anfang des 19. Jahrhunderts beim Licht aus der Tatsache, daß sich bei ihnen Interferenzerscheinungen herstellen ließen. Freilich gelingt dies infolge der so ganz anderen Wellenlängen nicht, wie beim Licht, durch Überlagerung von zwei sich kreuzenden Strahlen. Aber die Raumgitter, welche die Natur fix und fertig in den Kristallen uns zur Verfügung stellt, ermöglichen es, die beim Licht wohlbekannten Gitterspektren auch bei den Röntgenstrahlen nachzuahmen. Damit ist außer der Wellentheorie der Röntgenstrahlen auch die Raumgittertheorie der Kristalle auf eine feste experimentelle Grundlage gestellt.

Im Kriege war ich im Dienste der Heeresverwaltung mit an der Herstellung der Elektronenröhren tätig, welche jetzt in der Telephon- und Telegraphentechnik eine immer größere Rolle spielen. Dadurch empfing ich die Anregung zu einigen Arbeiten über die Thermodynamik der Elektronenwolken, die sich in der Umgebung glühender Elektrizitätsleiter ausbilden.

Vor 7 Jahren hat hier, bei der entsprechenden Gelegenheit, EINSTEIN von den zwei Aufgaben der theoretischen Physik gesprochen; nämlich einmal aus Beobachtungen die dafür grundlegenden Gesetze herauszufühlen, und sodann, wo solche Gesetze bekannt sind und sich bewährt haben, aus ihnen Folgerungen zu ziehen, welche die Kenntnis des betreffenden Gebiets vervollständigen und möglichst zu neuen Versuchen oder Beobachtungen hinüberleiten. Es ist mir versagt geblieben, an der Lösung der ersten, höheren Aufgabe mitzuwirken. Gelang mir etwas, so lag es stets daran, daß ich mir getraute, aus vorhandenen Prinzipien selbst recht weitgehende Folgerungen zu ziehen und sie auf Dinge anzuwenden, für deren Deutung sie zunächst nicht aufgestellt waren. Den Mut dazu entnahm ich einmal aus dem tiefempfundenen Bedürfnis, das physikalische Weltbild im Sinne seiner Einheit auszubauen und zu vervollständigen, und aus der Freude, mit den Mitteln des Gedankens die Natur beherrschen zu können.

Erwiderung des Sekretars Hrn. Planck

Die Gedanken, denen Sie, Hr. v. Laue, Ausdruck gegeben haben, indem Sie uns die Anregungen schilderten, welche für Ihr wissenschaftliches Leben von entscheidender Bedeutung waren, lassen es mir verlockend erscheinen, den begonnenen Faden noch etwas weiter fortzuspinnen und das von Ihnen gezeichnete Bild mit einigen Strichen zu ergänzen. Sie sprachen von den beiden Aufgaben, die dem theoretischen Physiker gesetzt sind und von denen er je nach seiner Geistesrichtung der einen oder der anderen sich ausgiebiger widmet. Wenn nun die Kunst, aus gewissen mit den üblichen Anschauungen nicht in Einklang zu bringenden Erfahrungen die grundlegenden Gesetze herauszufühlen, jenem göttlichen Seherblick entstammt, der das Wesentliche vom Unwesentlichen, das Notwendige vom Zufälligen, das Reale vom Konventionellen reinlich zu scheiden versteht, gehört dann nicht gerade der erste größere wissenschaftliche Wurf, der Ihnen gelang: die Aufdeckung der Grenzen für die Gültigkeit des bis dahin immer unbedenklich angewandten Additionstheorems der Entropie, und die dadurch bewirkte Vollendung der Verschmelzung der Begriffe der Entropie und der Wahrscheinlichkeit, mit zu denjenigen Leistungen des theoretischen Physikers, die Sie wohl mit Recht die höheren nennen? Haben Sie doch damit den Grenzstein, der das Gebiet der klar erkannten Zusammenhänge gegen das unermeßliche Reich der ungelösten Rätsel hin absichert, um eine merkliche Strecke nach vorwärts gerückt. Schon damals mußte es für jeden Kundigen offensichtlich sein, daß Sie die Anwartschaft zu einer führenden Rolle in Ihrer Wissenschaft besitzen.

Aber zu einer solchen Rolle gehört doch noch etwas anderes als selbst die allerreichste durch vollendete Sachkenntnis geleitete und durch kritischen Scharfblick gezügelte Gestaltungskraft. Es gehört dazu einmal die Gewissenhaftigkeit, welche auch unscheinbaren Dingen, falls sie nur ein grundsätzliches Interesse beanspruchen, Beachtung schenkt und ihnen, wenn es sein muß, bis in kleine entlegene Winkel geduldig nachspürt; und es gehört endlich dazu der entschlossene Mut, welcher die einmal gewonnene Überzeugung sowohl gegenüber fremden als auch gegenüber eigenen früher gehegten abweichenden Anschauungen jederzeit zu vertreten bereit ist. Daß gerade diese Kennzeichen Ihrer Arbeitsrichtung eigen sind, haben Sie durch alle Ihre verschiedenartigen Publikationen bewiesen, sei es, daß Sie sich dem Studium der Strahlungsstatistik oder dem der Elektronenwolken oder auch astrophysikalischen Problemen widmeten, oder daß Sie den Zauber der Relativitätstheorie EINSTEINs auf sich wirken ließen, der außer Ihnen so manchen anderen, Berufenen und Unberufenen, zu einem Bekenntnis ihrer wissenschaftlichen Denkweise den Mund geöffnet hat.

Und als Sie diejenige Reihe von Arbeiten begannen, die Ihren Weltruf begründen sollten, da war, wenn ich Sie recht beurteile, die eigentliche treibende Kraft für den von Ihnen unternommenen Vorstoß nicht die Absicht, eine aufsehenerregende Entdeckung zu machen, auch nicht die Gewißheit des vorausgesehenen Erfolges, sondern es war die dringliche Forderung Ihres wissenschaftlichen Gewissens, nach einer Aufklärung des Widerstreites zu suchen, der damals bestand zwischen der Vorstellung von der regelmäßigen atomistischen

Struktur der Kristalle und der weitverbreiteten Annahme von dem Fehlen jeglicher Beugung und Interferenz bei den Röntgenstrahlen. Mit der Beseitigung der letzteren verschafften Sie sich selber die verlangte Beruhigung und damit zugleich der messenden Physik ein neues Werkzeug zum Eindringen bis tief in das Innere der Atome, wo uns jetzt die kühnen Ideen von Niels Bohr ungeahnte Schätze neuer Erkenntnis verheißen.

So sind Sie zu unserer Freude in diesen Kreis eingetreten, als jüngster Sproß in der Familie der akademischen Physiker, welche ein regelmäßiger vertrauensvoller Gedankenaustausch zu engem Bunde zusammenschließt. Freilich darf ich, um ganz offen zu sein, nicht verschweigen, daß es mir auch heute noch nicht gelingen will, mich ganz dem beruhigenden Gefühle des sicheren Besitzes hinzugeben, da doch die Befürchtung nicht ausgeschlossen scheint, es möchte Ihr beweglicher Geist sich über kurz oder lang doch noch einmal von fremden Klängen anziehen und fortlocken lassen. Aber ich will in dieser festlichen Stunde nicht irgendwie gearteten Zweifeln Raum geben; lassen Sie mich vielmehr heute die zuversichtliche Hoffnung aussprechen, daß ein gütiges Geschick und die Fürsorge unserer Unterrichtsverwaltung uns vor einem solchen Verlust bewahren möge.

Ansprache vom 29. Juni 1922

(Leibniztag)

Wie alljährlich so vereinigt sich auch heute wieder die Preußische Akademie der Wissenschaften mit ihren Freunden zu einer festlichen Kundgebung der pietätvollen Erinnerung an ihren geistigen Stifter. Die Dankbarkeit, die wir als einen selbstverständlichen Zoll dem Schöpfer unserer Gemeinschaft darbringen, ist stets noch gepaart mit einem besonderen Gefühl des Stolzes darauf, daß dieser Mann, der unsere Akademie ins Leben gerufen hat, der den Gedanken an sie vor und nach ihrer Entstehung unablässig im Herzen trug und der ihr zeitlebens eine fast zärtliche Fürsorge widmete, zugleich seiner geistigen Bedeutung nach in der Geschichte der Wissenschaften eine einzigartige Stellung einnimmt, ja geradezu als der Repräsentant des Gesamtwissens seiner Zeit betrachtet werden kann.

Gottfried Wilhelm Leibniz hätte, wie oft mit Recht gesagt worden ist, keine Akademie nötig gehabt, denn er war selber für sich allein eine ganze Akademie; aber er erkannte klar, daß bei der unaufhörlich fortschreitenden Erweiterung des menschlichen Wissens die Arbeit, die er zu seiner Zeit als Gottbegnadeter noch gerade zu bewältigen vermochte, in späteren Epochen unmöglich mehr von einer einzigen Persönlichkeit geleistet werden könne, und daß die schweren Nachteile, welche aus der dann notwendig werdenden Teilung entspringen, durch möglichst innige Gemeinschaft der Arbeitenden nach Kräften herabgemindert werden müssen. Freilich ist und bleibt die Teilung der wissenschaftlichen Arbeit stets ein künstlicher Notbehelf. In Wahrheit gibt es im Gesamtbereich des menschlichen Wissens an keiner Stelle, nicht einmal zwischen Natur und Geist, eine scharf zu bezeichnende Trennungslinie, sondern die Wissenschaft bildet ein einheitliches Ganzes, und die einzelnen Forscher sind, so verschiedenartige Wege sie auch gehen mögen, doch schließlich alle nur Diener an einem und demselben Werk. Diese Einheitlichkeit immer wieder in lebendigem Bewußtsein zu erhalten, ist eine mit der Entwicklung der Wissenschaft stetig bedeutungsvoller werdende Aufgabe, und in keiner Persönlichkeit aller Zeiten findet sich ihre Lösung besser versinnbildlicht, als in derjenigen von LEIBNIZ, der neben seiner ans Wunderbare grenzenden Aufnahmefähigkeit für Einzelheiten gerade auch das Bedürfnis und die Kraft der inneren Zusammenfassung heterogener Dinge zu innerer Einheit in seltenstem Maße besaß.

Selbstverständlich wäre es freilich ein ganz aussichtsloses Unterfangen, LEIBNIZ' gesamte wissenschaftliche Weltanschauung in eine einzige Formel zusammenfassen zu wollen. Aber man dürfte doch von der Wahrheit nicht gar zu weit abweichen, wenn man den Blick richtet auf sein eigentümlichstes Werk: die Theodizee, dessen Hauptinhalt in dem Satze gipfelt, daß das gesamte Weltgeschehen, im großen wie im kleinsten, im Naturwalten wie im Geistesleben, ein für allemal durch göttliche Vernunft geregelt ist, und zwar der Art, daß unsere Welt unter allen möglichen Welten die beste ist.

Ob LEIBNIZ diesen Satz auch heute noch aufrechterhalten würde, angesichts des Elends der gegenwärtigen Zeit, angesichts der bitteren Notlage vieler nicht unmittelbar auf materiellen Gewinn abzielenden Bestrebungen, angesichts der von keinem Unbefangenen zu leugnenden Tatsache, daß die Idee der von ihm erträumten allgemeinen Völkerharmonie heute ihrer Verwirklichung ferner gerückt erscheint als jemals? — Wir dürften auch dann nicht an der Bejahung dieser Frage zweifeln, wenn wir nicht genau wüßten, daß LEIBNIZ sich bis in seine letzten, durch widrige Schicksale und Enttäuschungen aller Art getrübten Lebensjahre immer wieder eifrig mit seiner Theodizee beschäftigt hat, und wir werden kaum fehlgehen in der Annahme, daß er gerade in den traurigsten Lagen seines Lebens an ihr Halt und Trost fand — wieder ein eindringliches Beispiel für die alte Wahrheit, daß unsere tiefsten und heiligsten

Überzeugungen letzten Grundes unabhängig von äußeren Erfahrungen im eigenen Innern wurzeln.

Die moderne Wissenschaft hat sich, besonders unter dem Einfluß der Ausbildung des Kausalitätsbegriffs in den Naturwissenschaften, von der Leibnizschen teleologischen Betrachtungsweise weit entfernt, sie verzichtet auf die Annahme einer besonderen vorausschauenden Vernunft und betrachtet jedwedes Ereignis in der Natur- und Geisteswelt als prinzipiell zurückführbar auf zeitlich vorhergehende Zustände. Und dennoch ist gerade in der exaktesten Naturwissenschaft eine Tatsache zu verzeichnen, die in diesem Zusammenhang zum mindesten höchst auffallend wirken muß. Die gegenwärtige Physik, soweit sie theoretisch durchgebildet ist, wird vollständig beherrscht von einem System von raumzeitlichen Differentialgleichungen, welche besagen, daß ein jeder Vorgang in der Natur vollständig bestimmt ist durch die Vorgänge in seiner unmittelbaren zeitlichen und räumlichen Nachbarschaft. Dieses ganze reiche System von Differentialgleichungen, die im einzelnen recht verschieden sind, da sie sich auf mechanische, elektrische, magnetische, thermische Vorgänge beziehen, ist aber vollständig enthalten in einem einzigen Satze, dem Prinzip der kleinsten Wirkung, welches kurz gefaßt besagt, daß unter gewissen als möglich gedachten Vorgängen stets gerade derjenige in Wirklichkeit stattfindet, welcher mit dem Mindestaufwand von Aktion oder Wirkungsgröße verbunden ist. Man sieht, es bedarf nur eines kleinen Gedankenschritts, um in der Bevorzugung der kleinsten Wirkungsgröße das Walten der göttlichen Vernunft und damit einen Ausschnitt der Leibnizschen teleologischen Weltordnung zu erkennen. Dabei liegt hier der Unterschied des Standpunktes, wie wir sehen, keineswegs in einem sachlichen Gegensatz — denn sachlich handelt es sich um ganz die nämlichen Gesetzmäßigkeiten —, sondern nur in einer veränderten Betrachtungsweise, da sich der Blick das eine Mal auf das unendlich kleine beschränkt, während er das andere Mal über die weitesten Entfernungen in Raum und Zeit hinzuschweifen veranlaßt ist. An diesem Punkte ist es also geradezu dem Gutdünken des Einzelnen überlassen, ob er sich der einen oder der anderen Betrachtungsweise als der primären bedienen will. Es fragt sich nur, mit welcher derselben man schließlich weiter kommt.

In der heutigen aktuellen Physik spielt das Prinzip der kleinsten Wirkung eine verhältnismäßig geringe Rolle. Es paßt nicht recht in den Rahmen der gegenwärtigen Theorie. Zwar wird es natürlich als zutreffend anerkannt, aber es dient gewöhnlich nicht zur Fundamentierung der Theorie, sondern figuriert mehr als ein zwar bemerkenswertes, aber im Grunde doch entbehrliches Anhängsel derselben. Der Grund hierfür ist, daß die gegenwärtige theoretische Physik ganz auf das Prinzip der infinitesimalen Nahewirkung zugeschnitten ist und die Ausdehnung der Betrachtung auf größere Räume und Zeiten als eine unnötige und unökonomische Komplizierung der Behandlungsmethode empfindet. Sie ist daher eher geneigt, in dem Prinzip der kleinsten Wirkung ein formales Kuriosum mehr zufälliger Art als einen Grundpfeiler der physikalischen Erkenntnis zu erblicken.

Um so mehr mußte es freilich auffallen, daß dieses Prinzip, das doch ursprünglich von Leibniz und Maupertuis zuerst nur als ein mechanischer Satz aufgefaßt wurde, von Hermann von Helmholtz in der gesamten damals bekannten Physik, und neuerdings von David Hilbert sogar in der modernen Einsteinschen allgemeinen Relativitätstheorie, nach der ihm von Hamilton gegebenen Fassung, als unbeschränkt gültig befunden und durchgeführt worden ist. Denn je verwickelter die Verhältnisse werden, um so weniger scheint das Walten einer so einfachen Gesetzmäßigkeit auf bloßen Zufall zurückgeführt werden zu können. Es ist immer ein Anzeichen dafür, daß eine Betrachtungsweise in einem Punkte noch unvollständig ist, wenn sie von einem anerkanntermaßen bestehenden einfachen allgemeinen Zusammenhang gar keine Rechenschaft abzulegen vermag; unser Erkenntnistrieb kann sich vielmehr erst dann zufrieden geben, wenn jede tatsächlich festgestellte Gesetzmäßigkeit in ihrer Bedeutung und Tragweite verstanden und in das Gesamtgebäude der Theorie eingegliedert worden ist.

Aber es kommt hier noch ein weiteres hinzu. Bis hierher konnte man bei alledem, formal genommen, die physikalische Bedeutung des Prinzips der kleinsten Wirkung vollständig ignorieren, ohne eines wesentlichen Bestandteils der Theorie verlustig zu gehen. Das scheint jetzt anders werden zu sollen. Denn es ist in der jüngsten Zeit ein ganz neuartiges Element in die physikalische Wissenschaft eingedrungen, welches unsere Auffassung von der Natur der physikalischen Gesetzmäßigkeiten auf völlig veränderte Bahnen weist: die Quantenhypothese. Freilich kann man heute von einer wirklichen Quantentheorie noch lange nicht reden, sondern wir befinden uns gegenwärtig in einer ungeklärten, mit allen erfreulichen und unerfreulichen Anzeichen einer Übergangsperiode behafteten Situation. Aber soviel wissen wir doch jetzt schon genau, daß alle diese durch die Konflikte verschiedenartiger einander widersprechender Anschauungen geschaffenen peinlichen Unzuträglichkeiten im Grunde nur die Bedeutung von Geburtswehen haben, wie sie der endgültigen Ablösung eines jeden neuen selbständigen Sprößlings aus dem Mutterschoß auch unter sonst normalen Umständen voranzugehen pflegen.

Das elementare Wirkungsquantum besitzt die eigentümliche, für alle bisherigen Anschauungen höchst unbequeme Eigenschaft, daß es vom Standpunkt der infinitesimalen Nahewirkung schlechterdings nicht zu begreifen ist; wenigstens hat es sich bisher als durchaus unmöglich erwiesen, das Wirkungsquantum in einer raumzeitlichen Differentialgleichung unterzubringen. Das bedeutet zwar noch keineswegs, daß die klassischen Differentialgleichungen einer Abänderung bedürfen; dieselben könnten vielmehr vollständig korrekt sein. Aber sie genügen nicht, um die physikalischen Tatsachen mit all ihren Eigenschaften erschöpfend darzustellen, oder mit anderen Worten: nicht alle Lösungen jener Differentialgleichungen scheinen wirklich realisierbaren Vorgängen zu entsprechen, sondern die Natur trifft unter den unendlich vielen Lösungen eine gewisse ganz spezielle Auslese, nach Gesichtspunkten, die nur durch Integralbedingungen formuliert werden können. Für den speziellen Fall periodischer Vorgänge findet diese Integralbedingung ihren Ausdruck in dem merkwürdigen Satze, daß die von LEIBNIZ eingeführte Aktions- oder Wirkungsgröße eines jeden solchen Vorgangs oder, wie wir heute sagen, das über eine Periode erstreckte Zeitintegral der doppelten kinetischen Energie, stets genau eine ganze Anzahl von Elementarquanten umfaßt.

Sollte die auffallende Einfachheit dieser Beziehung nun wiederum auf einem Zufall beruhen? Es wird immer schwerer, daran zu glauben, vielmehr drängt sich mit elementarer Wucht der Eindruck auf, daß das LEIBNIZsche Prinzip der kleinsten Wirkung einen Schlüssel zum tieferen Verständnis des Wirkungsquantums liefern könnte. Welche Änderungen die vollständige Durchführung der Quantentheorie in unseren physikalischen Anschauungen, ja in unserem ganzen naturwissenschaftlich-kausalen Denken dereinst im Gefolge haben wird, läßt sich heute noch nicht übersehen. Nicht als ob das Kausalgesetz selber dadurch in Frage gestellt würde — denn die Voraussetzung fester gesetzlicher Zusammenhänge ist und bleibt die Grundlage und Vorbedingung für jede wissenschaftliche Betrachtungsweise —, aber die Form dieser Zusammenhänge wird vielleicht in Zukunft erheblich weiter gefaßt werden müssen, als man das bisher für ausreichend erachtet hat.

Durch das hier sich öffnende Labyrinth von neuen Bahnen wird uns ein sicherer Weg nur durch induktive Forschung gewiesen werden können. Einstweilen bieten sich der vortastenden Spekulation die verschiedensten Möglichkeiten dar, deren reiche Fülle um so mehr zu kritischer Vorsicht mahnt, als dem sicheren Voranschreiten der wissenschaftlichen Arbeit gerade in der gegenwärtigen Zeit von verschiedener Seite her nicht unbedenkliche Gefahren erwachsen sind. Während nach außen hin die Wissenschaft einen verzweifelten Kampf zu führen genötigt ist, um die materiellen Grundlagen, die sie zur notdürftigen Aufrechterhaltung ihres Betriebes unbedingt beanspruchen muß, einigermaßen sicherzustellen, hat sie sich nach innen nicht minder energisch zu wehren gegen das Eindringen eines zwar rührigen, aber im Grunde unfruchtbaren Dilettantismus, der, indem er den Strom der Wissenschaft möglichst zu verbreitern trachtet, ihren wirklichen Fortschritt mehr und mehr zu erschweren droht.

Die durch die traurigen politischen und wirtschaftlichen Verhältnisse in weiten Volkskreisen geweckte nur zu berechtigte brennende Sehnsucht, einmal aus dem grauen Elend unserer Tage herauszukommen und sich zu flüchten in eine lichtere, reinere und höhere Welt, verbindet sich leicht mit dem verhängnisvollen Wahn, daß es, um einer solchen Erlösung teilhaftig zu werden, hauptsächlich auf die Gewinnung neuer Erkenntnisse ankomme, und führt dann naturgemäß dazu, die heutige Wissenschaft dafür verantwortlich zu machen, daß sie gegenüber Problemen versagt, welche gar nicht in ihr Gebiet gehören. Eine solche Verwischung des Gegensatzes der Aufgaben von Wissenschaft und Religion hat sogar zu dem Versuch geführt, diese beiden grundverschiedenen Richtungen menschlicher Denkweise in eine einzige theosophische oder auch anthroposophische Wissenschaft zu verschmelzen, welche sich auf den Verkehr mit einer übersinnlichen Welt gründen soll, aber schon deshalb weder der Wissenschaft noch der Religion irgendwelche wahre Förderung bringen kann, weil sie mit ihren verschwommenen Begriffsbildungen nicht einmal imstande ist, das Hauptproblem auf diesem Gebiet: das Verhältnis der kausalen Bedingtheit zur sittlichen Freiheit, klar zu formulieren. Es ist ein eindringliches Zeichen für die tiefreligiöse Empfänglichkeit der nach geistiger Erneuerung dürstenden Seelen, andererseits freilich auch für die erstaunliche Unreife des wissenschaftlichen Urteilsvermögens, daß den Propheten solcher Lehren von seiten ihrer gläubigen Gemeinde um so begeisterter gelauscht wird, je zuversichtlicher und schwungvoller sie zu schildern verstehen, wie unmittelbar und verhältnismäßig mühelos sich die goldenen Früchte der Erkenntnis und der Glückseligkeit vom reichen Baum des Lebens pflücken lassen, im Gegensatz zu der sogenannten Schul- oder Zunftwissenschaft, welche nur in harter langwieriger Einzelarbeit ein winziges Körnchen nach dem andern in ihre Scheuern bergen kann. Es läßt sich heute noch nicht absehen, wann und wo diese buntschillernden Schaumblasen einmal zum Zerplatzen kommen werden; hoffen wir nur, daß bis dahin nicht allzuviel Hoffnungen enttäuscht und wertvolle Arbeitskräfte, die wir heute auf allen Gebieten so bitter nötig haben, nutzlos verbraucht worden sind.

Die Akademien befinden sich solchen Geistesströmungen gegenüber in einer wesentlich geschützteren Lage als ihre Schwesteranstalten, die Universitäten, welche der wechselnden Brandung der Wogen des öffentlichen Lebens viel unmittelbarer Stand halten müssen. Daher darf auch unsere Preußische Akademie, die sich mit Stolz die Leibnizsche nennt, unbekümmert um das Entstehen und Vergehen von Tagesmoden auf dem ihr von ihrem Stifter gewiesenen Weg fortschreiten, nicht als ob sie auf eine bestimmte philosophische Richtung eingeschworen wäre — möge ein gütiges Geschick sie jederzeit vor einem solchen Verdacht bewahren —, sondern in vorurteilslosem unablässigen, gewissenhaften Ringen nach stetiger Mehrung der reinen Erkenntnis, dem köstlichsten Preis treuer wissenschaftlicher Arbeit.

Antrittsrede des Hrn. Schur vom 29. Juni 1922

(Leibniztag)

Es gehört zu den alten Traditionen der Berliner Akademie, die Mathematik nach allen Seiten hin zu fördern und neben Analytikern und Geometern auch Vertreter der algebraisch-arithmetischen Richtung in ihrer Mitte zu sehen. In der ununterbrochenen Reihe glänzender Namen aus dieser Forschungsrichtung, die seit Dirichlets Eintritt in die Akademie ihr Mitgliederverzeichnis aufweist, steht als letzter der Name Georg Frobenius. Indem Sie mich, den Schüler und langjährigen Mitarbeiter von Frobenius, in Ihrem Kreis aufgenommen haben, haben Sie sich, wie ich annehme, von dem Wunsche leiten lassen, auch fernerhin der Algebra und der Zahlentheorie in der Akademie einen Platz einzuräumen. Ich empfinde es als eine hohe Auszeichnung, daß Ihre Wahl auf mich gefallen ist, und spreche Ihnen meinen wärmsten Dank aus.

Schon während der Jahre meines Studiums an der Berliner Universität wandte sich meine Vorliebe der Algebra und insbesondere der Lehre von den linearen Substitutionen zu. Meine erste selbständige Arbeit behandelt ein Problem aus dieser Disziplin, die Frage nach den sämtlichen rationalen Isomorphismen der allgemeinen linearen Gruppe. Die Lösung gelang mir mit Hilfe der kurz vorher von Molien und Frobenius neu begründeten Theorie der endlichen Gruppen linearer Substitutionen. Hierdurch wurde ich dazu geführt, in diese Theorie tiefer einzudringen, und es war mir vergönnt, an ihrem weiteren Ausbau, ihrer Vereinfachung und Erweiterung neben Frobenius und anderen Forschern mitzuarbeiten. Was mich an diesen Untersuchungen so außerordentlich fesselte, war, daß hier mitten in dem Stillstand, der damals auf anderen Gebieten der Formentheorie herrschte, ein neues fruchtbares, auch für die Geometrie und die Analysis wichtiges Kapitel der Algebra entstanden war, das sich durch große Schönheit und Vollendung auszeichnete. Die »starren, künstlichen Gebilde der Algebra«, von denen KRONECKER einmal spricht, gewinnen hier ein eigentümlich belebtes Aussehen und weisen eine Fülle von reizvollen und überraschenden Einzelheiten auf. Der algebraische Teil der Theorie kann, wenn auch manche Fragen, insbesondere solche invariantentheoretischer Natur, noch der Klärung bedürfen, als im wesentlichen abgeschlossen gelten. Auf große Schwierigkeiten stieß man erst, als man versuchte, auch arithmetische Probleme, die sich überall in der algebraischen Gruppentheorie aufdrängen und einen ihrer Hauptreize bilden, weiter zu verfolgen. Nicht nur die oft genannte Frage nach den algebraischen Zahlkörpern, in denen eine gegebene endliche Gruppe linearer Substitutionen darstellbar ist, auch andere Fragen von Interesse und Wichtigkeit, die mich auch gegenwärtig viel beschäftigen, harren noch der vollständigen Beantwortung.

Eine ähnliche Beobachtung machen wir auch auf anderen Gebieten der Algebra. Sie empfängt von der Geometrie und der Analysis immer neue Anregungen und Problemstellungen. Im ersten Anlauf weiß sie vielfach die ihr gestellten Aufgaben erfolgreich zu fördern. Ist aber die Entwicklung so weit gediehen, daß aus ihr selbst heraus neue Probleme, zumal solche arithmetischen Charakters entstehen, so tritt oft eine Stockung ein. Dies liegt vielleicht in erster Linie daran, daß die Algebra im Gegensatz zu ihrem Stoffreichtum in ihrer Methodik einen Mangel an Vielseitigkeit zeigt. Während die eigentliche Zahlentheorie über einen großartig entwickelten Apparat analytischer und geometrischer Hilfsmittel verfügt, ist es der Algebra, auch in ihren mehr arithmetisch gefärbten Teilen, nur in seltenen Fällen gelungen, die anderen großen Disziplinen für ihre Zwecke dienstbar zu machen.

Dies hat sich auch in neuerer Zeit nicht wesentlich geändert, obgleich das Verhältnis der Algebra zur Analysis ein engeres geworden ist. Die von FREDHOLM, HILBERT und ERHARD SCHMIDT entwickelte Theorie der Integralgleichungen und die von HILBERT in bewunderswerter Weise ausgebaute Theorie der unendlich vielen Veränderlichen weisen weitgehende Analogien mit der Formenlehre auf. Von dieser Entwicklung angeregt, hat auch die Funktionentheorie begonnen, in viel höherem Maße, als das bis jetzt der Fall war, algebraische Methoden und Hilfsmittel heranzuziehen. Diese Untersuchungen, denen auch ich mich längere Zeit hindurch gewidmet habe, bieten gewiß viel Reizvolles und haben sowohl die Analysis als auch die Algebra um interessante Ergebnisse bereichert. Eine wesentliche Förderung beider Disziplinen in ihren wichtigsten Teilen hat jedoch diese Forschungsrichtung vorläufig noch nicht gebracht. Erfreulich ist aber jedenfalls, daß das Interesse der Analytiker für rein algebraische Probleme ein regeres geworden ist. Dies wird, wie ich hoffe, in der Zukunft doch noch dazu führen, die algebraische Forschung intensiver zu gestalten und den Kreis ihrer Methoden zu erweitern.

Erwiderung des Sekretars Hrn. PLANCK

Mit Ihrem Eintritt in die Akademie, Hr. Kollege SCHUR, schließt sich wieder nach mehrjähriger Dauer die schmerzliche Lücke, welche der Tod von FROBENIUS in ihren Reihen gerissen hat, und wir begrüßen gerade Sie an dieser Stelle mit um so freudigerem und aufrichtigerem Gefühl, als wir genau wissen, daß Ihr unvergeßlicher Lehrer niemanden lieber als Sie als seinen Nachfolger gesehen hätte. Denn nach seinem eigenen Zeugnis üben Sie wie nur wenige Mathematiker die große ABELsche Kunst, die Probleme richtig zu formulieren, passend umzuformen, geschickt zu teilen und dann einzeln zu bewältigen.

So konnte es Ihnen schon in der ersten Periode Ihrer mit der Doktordissertation beginnenden literarischen Tätigkeit gelingen, die Theorie der linearen Substitutionen erheblich zu fördern und insbesondere die Theorie der Gruppendeterminanten durch neue Funde zu bereichern, indem Sie die Methoden von FROBENIUS vereinfachten, verbesserten und auf seinen Bahnen weiter fortschritten.

Die erzielten Erfolge führten Sie später bald auch auf entlegenere Anwendungsgebiete und regten Sie an zu der grundsätzlich äußerst interessanten Verwertung der algebraischen Methoden für die Lösung analytischer Probleme.

Auf allen von Ihnen betretenen Pfaden, mochte es sich handeln um Fragen aus der Theorie der Integralgleichungen oder auch der Theorie der quadratischen Formen von unendlich vielen Veränderlichen, um die Erkennung der Eigenschaften einer Potenzreihe aus dem Verhalten ihrer Koeffizienten oder um die Lage der Wurzeln einer Gleichung mit ganzzahligen Koeffizienten, haben Sie es verstanden, neue Zusammenhänge aufzuspüren und in vollendeter Klarheit zu formulieren. Ihrer jugendfrischen Schaffenskraft hofft die Akademie noch manchen wertvollen Beitrag für ihre Arbeiten verdanken zu können.

Antrittsrede des Hrn. LUDENDORFF vom 28. Juni 1923

(Leibniztag)

Seit HERMANN CARL VOGEL im Jahre 1892 in Anerkennung seiner hohen Verdienste um die astrophysikalische Forschung in die Akademie aufgenommen wurde, ist es üblich geblieben, daß der jeweilige Direktor des Astrophysikalischen Observatoriums in Potsdam zum Mitglied der Akademie gewählt wird. So ist auch mir diese hohe Ehre zuteil geworden. Meine Dankbarkeit dafür kann ich nicht besser beweisen, als indem ich mich bemühe, mit Hilfe meiner Mitarbeiter dem Astrophysikalischen Observatorium den hohen Ruf zu erhalten, den es unter meinen drei hervorragenden Vorgängern genossen hat.

Im Anfange meiner wissenschaftlichen Laufbahn interessierte mich besonders die theoretische Astronomie, und meine ersten Jugendarbeiten betreffen diese. Kurze Zeit hindurch war ich nach meiner Promotion an der Hamburger Sternwarte tätig. Als ich dann vor fast genau 25 Jahren meinen Dienst als Assistent am Astrophysikalischen Observatorium antrat, wurde ich zunächst mit der Ausmessung der Platten der photographischen Himmelskarte betraut. Diese, gelinde gesagt, keineswegs interessante Aufgabe suchte ich mir dadurch etwas reizvoller zu gestalten, daß ich eingehende Untersuchungen über die Fehlerquellen bei photographisch-astronomischen Messungen anstellte. Ich war aber doch sehr froh, als mich VOGEL veranlaßte, mich seinem eigenen Hauptarbeitsgebiet, der Bestimmung der Radialgeschwindigkeiten der Sterne, zuzuwenden, und zwar vor allem der Erforschung der spektroskopischen Doppelsterne. Einige der von mir untersuchten Systeme erwiesen sich als besonders merkwürdig; so konnte ich zwei Fälle nachweisen, in denen sich die beobachteten Linienverschiebungen auch nicht mehr angenähert durch eine elliptische Bahnbewegung erklären lassen. Neben der Beobachtungstätigkeit beschäftigten mich die Statistik der spektroskopischen Doppelsterne, Untersuchungen über die Massen derselben, über den Sternstrom des Großen Bären, über die Helium-Sterne sowie die Bearbeitung einiger interessanter veränderlicher Sterne. Gerade bei dieser letzteren Arbeit erkannte ich, wieviel noch auf diesem Gebiet zu leisten ist, und so habe ich mich, nachdem meine Tätigkeit für längere Zeit durch den Krieg unterbrochen worden war, einer allgemeinen Diskussion der Eigenschaften der veränderlichen Sterne zugewandt, die bereits zu einigen befriedigenden Ergebnissen geführt und über die Klassifikation dieser Objekte Klarheit geschaffen hat. Diese Arbeit ist noch im Gange. Nebenher gingen kleinere stellarastronomische Untersuchungen, z. B. über die Beziehungen der planetarischen Nebel zu den Helium-Sternen. Die Arbeiten über Radialgeschwindigkeiten hoffe ich bald mit Hilfe eines im Bau befindlichen neuen Spektographen wiederaufnehmen zu können. Aus Liebhaberei habe ich mich auch mit einigen Untersuchungen zur Geschichte der Astronomie beschäftigt.

In der letzten Zeit hat mich die Vorbereitung einer Expedition nach Mexiko zur Beobachtung der totalen Sonnenfinsternis vom 10. September dieses Jahres stark in Anspruch genommen. Durch eine großherzige Einladung der mexikanischen Regierung ist diese Expedition, an der Potsdamer und Hamburger Astronomen teilnehmen werden, ermöglicht. Ich selbst werde dabei die Intensitätskurve des kontinuierlichen Korona-Spektrums festzulegen suchen, während mein Mitarbeiter Dr. A. KOHLSCHÜTTER eine nochmalige Prüfung der Frage vornehmen wird, ob die Lichtstrahlen durch das Gravitationsfeld der Sonne abgelenkt werden, wie es die EINSTEINsche Theorie erfordert, und wie es durch die vorjährigen amerikanischen Beobachtungen eigentlich schon sichergestellt ist. Bei der Wichtigkeit dieser Frage ist aber eine Wiederholung dieser Beobachtungen geboten.

Stets habe ich es für wünschenswert gehalten, daß die astrophysikalische Forschung mit der rein physikalischen in eine engere Verbindung tritt, als sie bisher im allgemeinen bestand.

Ich hoffe, daß es mit Hilfe des dem Astrophysikalischen Observatorium angegliederten Einstein-Laboratoriums sowie eines neu eingerichteten physikalischen Laboratoriums gelingen wird, auf den Grenzgebieten zwischen Physik und Astrophysik schöne Erfolge zu erzielen, und ich erwarte gerade von dieser Erweiterung des Arbeitsfeldes unseres Observatoriums das Beste für dessen Zukunft.

Antrittsrede des Hrn. Johnsen

In dem Augenblick, da ich der Preußischen Akademie der Wissenschaften meinen Dank für die ehrenvolle Aufnahme öffentlich bekunde, sucht mein Blick unwillkürlich nach den Beziehungen, die zwischen mineralogischer und anderer Forschung bestehen. Diese Beziehungen lassen sich nur dann genau aufzeigen, wenn die einzelnen Fächer selbst scharf umschrieben werden können. Dem steht entgegen, daß die Wissenschaften, obwohl sie ihrerseits mit den denkbar schärfsten Begriffen operieren, weder genau definiert noch eindeutig gegeneinander abgegrenzt sind. Sie sind inhomogen, da sie nicht nur Gegenstände und Vorgänge, sondern auch Beziehungen, Vorstellungen und Methoden umfassen, und man kann nicht einmal behaupten, daß sie überall lückenlos aneinanderstoßen. Daher läßt sich auch ihre Gesamtheit nicht graphisch nach Art einer Landkarte darstellen, was ohnedies schon an geometrischen Gesetzen[1] scheitern würde. Obendrein sind sie veränderlich wie Organismen, und ihre Gesamtheit bildet eine fluktuierende Symbiose. Beispielsweise pflegte man noch vor zwanzig Jahren zu sagen, die Physik beschäftige sich mit Molekeln, die Chemie mit Atomen, während heute eher das Umgekehrte zu behaupten ist.

[1] Es können nämlich drei Länder A, B, C nicht sämtlich an drei andere Länder D, E, F grenzen; auch können drei Länder I, II, III, die alle aneinanderstoßen, nicht sämtlich noch zwei andere Länder IV, V berühren. Hierbei ist natürlich von einer nur punktförmigen Berührung abgesehen.

Will man die Einzelwissenschaften derart definieren, daß ihre Inhalte logisch und erkenntnistheoretisch möglichst einheitlich ausfallen, so würden die Definitionen in praktischer Hinsicht höchstens die Grundlage für eine künftige Abgrenzung der Einzelgebiete darstellen, keinesfalls aber mit den Domänen des organisierten Wissenschaftsbetriebes von heute übereinstimmen. Ferner erscheint der Umfang der einzelnen Wissenschaften verschieden, je nachdem man den Forschungsbereich dieses oder jenes Gelehrten, das Lehrbuch dieses oder jenes Verfassers, die Vorlesungen dieses oder jenes Professors in Betracht zieht. Ein besonders auffallendes Beispiel hierfür liefert der Umstand, daß die wichtigsten kristallphysikalischen Entdeckungen von Physikern gemacht wurden, während die Kristallphysik als Disziplin an Universitäten fast ausschließlich von Mineralogen in Wort und Schrift gelehrt wird; es brauchen da nur die Physiker HUYGENS, FRESNEL, FRANZ NEUMANN, SOHNCKE und LAUE genannt zu werden.

Der Vorrang der Physiker vor den Mineralogen auf jenem reizvollen Gebiete ist ebenso leicht zu erklären wie die Tatsache, daß kein Botaniker, sondern ein Chemiker den chemischen Bau des Blattgrüns erforscht hat; handelt es sich doch, wie schon das Wort Kristallphysik oder physikalische Kristallographie besagt, um physikalische Kristalleigenschaften, die naturgemäß auch wesentlich nach physikalischen Methoden zu untersuchen sind, wie sie vor allem der Physiker beherrscht. Aus ähnlichem Grunde sind die größten Entdeckungen der Kristallchemie, nämlich die des Polymorphismus und des Isomorphismus, dem Chemiker EILHARD MITSCHERLICH zu verdanken. — Der Mineraloge pflegt die Kristallarten im Gegensatz zu Physikern und Chemikern nicht als bloße Stoffbegriffe, bestehend aus physikalischen und chemischen Eigenschaften, zu betrachten, sondern als Dingbegriffe, die mit Form und Volumen behaftet sind. Die von ihm ausgebildete Morphologie war hundert Jahre lang eine Geometrie der Gestalten, die sog. »geometrische Kristallographie«. Als man dann jene Formen als etwas Gewordenes würdigte, entstanden kinematische und neuerdings sogar gewisse physikalische Vorstellungen über die Kristallisation. Dazu kommt, daß auch die sog. Kristallchemie immer deutlicher physikalisches Gepräge erhielt, seitdem Roozebom, van't Hoff u. a. die Lehre von der Polymorphie und Isomorphie durch thermodynamisches Studium der Kristallumwandlung, Mischkristallbildung und Doppelsalzabscheidung erweitert hatten. Jenes physikalische Wissenschaftsgebilde, aus morphologischer Wurzel in mineralogischem Boden erwachsen, hat im letzten Jahrzehnt die schönsten Blüten entfaltet, da die Entdeckung von Laue dahin führte, die Anordnung der Atome in Kristallen zu ermitteln und hieraus sogar schon verschiedene erfahrungsgemäße Kristalleigenschaften quantitativ abzuleiten[2]. Der kristalline Zustand der Materie ist heute eines der interessantesten Objekte des Physikers und, wenn es diesem überhaupt gelingen kann, Gesetze neben bloßen Regeln, dynamische Gesetzmäßigkeit neben bloß statistischer[3] aufzustellen, so wird das wohl auf kristallographischem Gebiete geschehen. Wie fremd erscheint im Lichte dieser Tatsachen jene Kristallkunde, über die Goethe vor hundert Jahren äußerte: »Sie ist nicht produktiv, sie ist nur sie selbst und hat keine Folgen[4]...« Der Übergang der Kristallographie aus dem morphologischen Stadium in ein physikalisches ist ganz analog dem Umstand, daß auf geologischem Gebiete die Paläontologie aus einer morphologischen Lehre zu einer biologischen wurde. Und wie die Paläontologie für den Geologen, so ist die Kristallographie für

[2] Bei dieser Gelegenheit sei erwähnt, daß man aus der Strukturtheorie der Kristalle auch eines der wichtigsten chemischen Gesetze, das der »einfachen Proportionen«, hätte entnehmen können; es kann nämlich das primitive Parallelepiped, in dessen acht Ecken acht gleichartige Atome sitzen, offenbar nicht beliebig groß sein und daher auch nicht beliebig zahlreiche andersartige Atome enthalten.

[3] Vgl. M. PLANCK, Dynamische und statistische Gesetzmäßigkeit, Leipzig 1914.

[4] Sprüche in Prosa: GOETHE setzt den angeführten Satz folgendermaßen fort: »besonders nunmehr, da man so manche isomorphe Körper angetroffen hat, die sich ihrem Gehalte nach ganz verschieden erweisen«. GOETHEs Auffassung entsprang also teilweise dem Irrtum seiner Zeit, daß die »isomorphen« Kristallarten genau die gleichen Winkel besäßen. Übrigens schrieb GOETHE über die Kristalle schon im Jahre 1815, also vor der Entdeckung der »Isomorphie«, an Sulpice BOISSERÉE: »Begreifen wird sie niemand.«

den Mineralogen die unentbehrlichste Helferin. Daher hat sie der Mineraloge nicht nur ins Dasein gerufen, sondern auch in verschiedenen Richtungen gefördert. Er hat die ganze Morphologie in der Zeitspanne von HAÜY bis HESSEL und noch weiterhin aufgebaut, Eigentümlichkeiten des Kristallwachstums, der Auflösung und Kohäsion entdeckt und die physikalischen, besonders die optischen Theorien durch zahllose Beobachtungen und Messungen geprüft; endlich haben Mineralogen wie BECKE und FEDOROW in den letzten Jahrzehnten zur Untersuchung des Mineralbestandes kleinkörniger bis dichter Gesteine eine Reihe bewundernswerter mikroskopischer Methoden geschaffen, nach denen man die optischen Daten winziger Kristalle mit beträchtlicher Genauigkeit zu ermitteln vermag.

Die Frage, welches Interesse überhaupt ein Forscher, der die Mineralien studiert, an den Kristallen hat, führt uns auf die eigentliche Aufgabe des Mineralogen, und das ist die Untersuchung der Mineralien und ihrer Bildungsbedingungen. Die überwiegende Mehrheit[5] aller bekannten Mineralarten[6] tritt im kristallisierten Aggregatzustande[7] auf, und somit sind ihre Eigenschaften denen der kristallisierten Materie untergeordnet. — Bei dem Versuche, irgendein Mineralindividuum in eine der bekannten Arten einzureihen, genügt es, einige wenige[8] seiner Eigenschaften zu bestimmen, weil jede Mineralart ebenso wie jede Pflanzenart und Tierart einem Koexistenz- oder Korrelationsgesetze[9] unterliegt, wonach mit einigen Eigenschaften alle übrigen eindeutig gegeben sind. Daß jene Ein-

[5] Diese Mehrheit wird auf Kosten der sog. »amorphen« Mineralarten noch wachsen, wenn sie der röntgenometrischen Untersuchung unterworfen werden.

[6] Als Mineralien oder Mineralindividuen definiere ich alle homogenen Massen der leblosen Natur, als Mineralart die Gesamtheit der physikalisch und somit auch chemisch gleichen Mineralien; danach ist z. B. das Weltmeer und ebenso die Atmosphäre ein einziges großes Mineralindividuum, und auch die Meteoriten bestehen aus Mineralien.

[7] Die Thermodynamik bezeichnet diesen Aggregatzustand gegenüber dem flüssigen und gasförmigen gewöhnlich als »fest«, obwohl er in mechanischer und elastischer Hinsicht nicht »fest« zu sein braucht.

[8] Solche wurden früher »Charakteristik« der betr. Mineralart genannt.

[9] Im Gegensatz zum Kausalgesetz stehend und von C. STUMPF als »Strukturgesetz« bezeichnet.

reihung, obwohl sie die Anzahl der bekannten Arten nicht vermehrt, dennoch als wichtig erscheint, liegt darin begründet, daß oft eine und dieselbe Spezies in verschiedenen Umgebungen nachgewiesen werden kann und daß die Art der Umgebung, das sogenannte »Vorkommen« von mineralogischem Belange ist. Dieses Interesse ist kein mineralgeographisches: es ähnelt eher dem ökologischen Interesse der Botaniker und Zoologen, geht aber tiefer, weil die paragenetische Vergesellschaftung eines Mineralindividuums mit andersartigen zur Feststellung seiner Genese beiträgt. Hier hat zugleich das physikalisch-chemische Experiment einzusetzen; man untersucht, aus welchen künstlichen Schmelzen oder Lösungen und bei welchen Temperaturen (und Drucken) jene assoziierten Mineralarten sich gemeinsam auszuscheiden vermögen und in welcher Reihenfolge das geschieht. So verfuhr zuerst VAN'T HOFF bei seinen berühmten Synthesen der deutschen Zechsteinsalze; in gleicher Weise arbeitet das Geophysical Laboratory in Washington mit lavaartigen Schmelzen, um die Entstehungsweise jener gewaltigen Mineralparagenesen aufzuklären, die man als Eruptivgesteine bezeichnet. Diese synthetischen Studien haben ebenso wie die Betrachtung der natürlichen Assoziationen ergeben, daß sich eine Mineralart im allgemeinen auf sehr verschiedenen Wegen bilden kann. Das ist eine gegenüber der monophyletischen Herleitung tierischer und pflanzlicher Arten zunächst überraschende Tatsache. NIKOLAUS STENO[10], der die ersten bedeutsamen Beobachtungen und Betrachtungen über Minerogenese veröffentlicht hat, schrieb im Jahre 1669: »Wenn ein Mineral einem anderen Mineral nicht nur nach seiner Oberflächenbeschaffenheit, sondern auch hinsichtlich der Anordnung der Teile und Teilchen im Innern durchweg ähnlich ist, wird es ihm auch nach Art und Ort der Entstehung ähnlich sein. Ausgenommen sind diejenigen örtlichen Umstände, die man öfters irgendwo antrifft, ohne daß sie die Ent-

10 NICOLAI STENONIS De solido intra solidum naturaliter contento Dissertationis Prodromus. Neudruck des Verlages von W. Junk, Berlin 1904, p. 16 (sinngemäß übersetzt von A. J.).

stehung des Minerals fördern oder beeinträchtigen.« Die soeben berührte Frage nach der Anzahl der Bildungsmöglichkeiten eines Minerals scheint also von STENO zwar konzipiert, aber nicht richtig beantwortet zu sein. Die Entscheidung, welche der physikalisch-chemisch möglichen Entstehungsarten eines Minerals oder Mineralaggregates einem gegebenen Vorkommen entspricht und ferner, wann und wo[11] sich diese Bildung vollzog, ist eine »naturhistorische« Angelegenheit, denn jede Minerogenese und Petrogenese bedeutet eine Art historisches Ereignis, das sich in völlig gleicher[12] Weise nie und nirgends wiederholt. Hier treten geologische Interessen und z. T. auch geologische Methoden auf den Plan. Beispielsweise gelangte die Geologie zu dem Schluß, daß die Bildung des sog. Hartsalzes, die sich nach VAN'T HOFFS Studien aus meerwasserähnlicher Lösung nur oberhalb 72° vollziehen kann, nicht primär, sondern eine Art Metamorphose sei. — Die Herkunft der Materialien eines klastischen Sedimentgesteins vermag nur der Geologe zu ermitteln, wenn ihm die Gebirge bekannt sind, deren Detritus die Flüsse dem Meere zuführten. — Die Bestimmungen des relativen Alters, mit denen einst WILLIAM SMITH die historische Geologie begründete, lassen sich für metamorphe Gesteine durch petrographische Untersuchung ergänzen. Zur Feststellung des absoluten Alters haben A. ROTHPLETZ und G. DE GEER aussichtsvolle Wege gebahnt, und die radiologisch-mineralogischen Methoden von R. J. STRUTT, J. JOLY und O. MÜGGE gewährleisten weitere Erfolge. Jede Mineralassoziation kann in Zusammensetzung und Struktur Spuren ihrer Geschichte aufweisen, das einzelne Mineralindividuum aber nur dann, wenn eine Inhomogenität seines Innern oder eine Besonderheit seiner Oberfläche zum Verräter wird[13]. Das ist aller-

[11] Der gegenwärtige Fundort kann »sekundär«, die Entstehung »allochthon« sein.

[12] Wie der Historiker DROYSEN einst betonte, sucht die Geschichtswissenschaft im Gleichen das Verschiedene, die Naturwissenschaft im Verschiedenen das Gleiche.

[13] Diese Tatsache rührt daher, daß sich die Individuen einer Mineralart, soweit sie völlig homogen sind, nur nach Form und Größe unterscheiden können, denn der Begriff der Mineralart fordert Konstanz der physikalischen und chemischen Eigenschaften.

dings oft der Fall, wie die Häufigkeit von Spaltungsrissen, Spannungszuständen, Gleitlamellen, Einschlüssen, Fremdfärbung und Zonenbau sowie die mancherlei Kristalltrachten vieler Mineralarten beweisen. In der Aufspürung und Deutung solcher Spuren wird man vielleicht noch große Fortschritte machen. Wenn es so gelänge, in jedem Mineralindividuum eine geschichtliche Aufzeichnung zu entdecken und zu enträtseln, dann würde allerdings jener Satz von STENO eine erdgeschichtliche Bedeutung erlangen. Zugleich entständen durch Mineralogenforschung wieder neue Anregungen auf denjenigen Gebieten der »allgemeinen Geologie«, die mit den Worten Vulkanismus, Plutonismus und Metamorphismus bezeichnet werden. Demnach führen unsere naturhistorischen Studien zu einem Einblick nicht nur in die Erdgeschichte, sondern auch in die Gesetzmäßigkeiten allgemein-geologischen Geschehens; die völlige Erfassung solcher Gesetze kann jedoch nur dem Experiment gelingen, das an physikalisch-chemischer Richtschnur geleitet wird.

So gewinnt exakte Methode immer neue Angriffspunkte, indem nicht nur die kristallographischen, sondern auch die petrologischen Probleme mehr und mehr derart gestaltet werden, daß exaktes Verfahren sie anzugreifen vermag. Das Wort »exakt« ist hier nicht im landläufigen Sinne von »genau« gebraucht, sondern im eigentlichen Sinne von »vollendet«. Wenn beispielsweise jemand die Wachstumsgeschwindigkeit eines Grashalmes oder eines Kristalls auf das genaueste messen würde, so wäre das keine vollendete, sondern eine sehr unvollkommene Untersuchung, wofern er nicht die Temperatur und andere Bedingungen festlegte, die während des Wachstums herrschten. Kein Gesetz, keine Erklärung und keine Voraussage würde auf jene Präzisionsmessung gegründet werden können. Ganz allgemein stellt exakte Naturforschung genau fest, wie sich ein bestimmter Vorgang unter bestimmten Bedingungen abspielt und wie er sich ändert, wenn die eine oder andere Bedingung stetig variiert; die Vorgänge, Bedingungen und Änderungen können aber nur dann genau angegeben werden, wenn sie auf meßbare Größen zurückgeführt sind. Das alles zusammen läßt sich offenbar nur durch das Experiment erreichen.

Daher ist exakte Naturwissenschaft stets experimentierend[14], und so wächst auch die Exaktheit der Mineralogie mit dem Anwendungsbereich des Experiments. Dieses Wachstum fördern zu helfen, soll nach wie vor meine Aufgabe sein.

Antrittsrede des Hrn. Guthnick

Die hohe Ehre, die Sie mir durch meine Aufnahme in die Akademie zuteil werden ließen, verdanke ich in erster Linie wohl den Beziehungen, die seit mehr als zwei Jahrhunderten zwischen der Akademie und der Berliner Sternwarte bestehen. Ich erblicke darin die Aufforderung, diese Beziehungen auch weiterhin zu pflegen, eine Aufforderung, der ich mit Freuden Folge leisten werde, und ich darf wohl meinerseits die Hoffnung aussprechen, daß die Akademie ihr reges Interesse für das meiner Leitung unterstellte Institut, das sich unter meinem Vorgänger Hermann Struve zu einem der größten und modernsten seiner Art entwickelt hat, auch fernerhin bewahren werde. Ich möchte aber bei dieser Gelegenheit nicht nur meines Vorgängers, sondern auch meines hochverehrten Lehrers Friedrich Küstner, den die Akademie ja ebenfalls zu ihren Mitgliedern zählt, gedenken. Ihm verdanke ich trotz der Verschiedenheit unserer Arbeitsgebiete doch das, was für den praktischen Astro-

[14] Daher ist z. B. die Astronomie trotz der »astronomischen Genauigkeit« ihrer Messungen strenggenommen nicht exakt; der Mangel des Experiments beeinträchtigt die Gültigkeit ihrer Ergebnisse nur deshalb so wenig, weil in der Sternenwelt die Bedingungen über große Räume und Zeiten hin so außerordentlich gleichmäßig zu sein pflegen. Völlig exakte Naturforschung kann mit völliger Bestimmtheit prophezeien; der Astronom vermag die Wiederkehr eines Kometen nicht mit der gleichen Sicherheit wie das Auftreten einer Sonnenfinsternis vorauszusagen, das erstmalige Erscheinen eines Kometen überhaupt nicht.

nomen das Wichtigste ist, meine allgemeine methodische Ausbildung. Alle, die das Glück gehabt haben, als Schüler zu Füßen dieses Meisters der praktischen Astronomie gesessen zu haben, sind mit mir einig darin, daß es eine bessere Schule für den angehenden beobachtenden Astronomen nicht leicht geben konnte.

Wie schon erwähnt, habe ich mich anderen Arbeitsgebieten zugewandt als die sind, in die mein vorwiegend astrometrisch orientierter Lehrer seine Schüler einzuführen pflegte. Dies lag an der Verschiedenheit unserer Neigungen. Von Anfang an habe ich mich zu der lange Zeit etwas geringschätzig betrachteten Astrophotometrie, insbesondere zu dem Gebiet der veränderlichen Sterne hingezogen gefühlt. Heute ist die große Wichtigkeit der Pflege dieses Gebietes für die Erforschung der Beschaffenheit und Entwicklung des Gesamtsystems der Sterne unbestritten. Ich bin meiner ursprünglichen Neigung trotz vorübergehenden Abschweifungen auf das astrometrische Feld bis heute treu geblieben. Sie hat nur im Lauf der Jahre allmählich auch auf das mit der Astrophotometrie in immer engere Verknüpfung tretende Gebiet der Astrospektroskopie übergegriffen. In der mir vorschwebenden Vereinigung der photometrischen und spektroskopischen Methoden erblicke ich ein Forschungsmittel, mit dem schon in nächster Zukunft reichste Früchte wissenschaftlicher Erkenntnis zu erzielen sein werden.

Dies ist aber erst möglich geworden durch den großen Fortschritt in der praktischen Astrophotometrie, den die Physiker Elster und Geitel durch die Vervollkommnung der lichtelektrischen Methode angebahnt haben. Die Einführung dieser Methode in die Astrophotometrie, die die Meßgenauigkeit mit einem Schlage auf das Zehnfache brachte, erschloß ein neues Arbeitsfeld von ungeahnter Fülle der Probleme. Wir können jetzt die kleinsten Regungen und Webungen der Sterne, sobald sie sich nur in ihrer Helligkeit widerspiegeln, erkennen und messend verfolgen. Die Vieldeutigkeit der photometrischen Ergebnisse wird durch das gleichzeitige Studium des Spektrums eingeschränkt. Neben der lichtelektrischen scheint noch eine zweite rein physikalische Methode berufen zu sein, in der Astrophotometrie eine bedeutende Rolle zu spielen, die thermoelektrische. Von mehreren Seiten werden Versuche gemacht, sie dauernd in den Dienst der astronomischen Forschung zu stellen. Auch an der Berliner Sternwarte sind solche Versuche im Gange, die dank der verständnisvollen Unterstützung von seiten der Akademie und vermöge der großen optischen Mittel, die dem Institut demnächst zur Verfügung stehen werden, erfolgreich zu werden versprechen. Die thermoelektrische Methode erfaßt im Gegensatz zu der nur selektiv wirksamen lichtelektrischen die »Gesamtstrahlung« eines Gestirnes. Die Kombination beider Methoden wird zur Lösung mehrerer der wichtigsten Probleme der gegenwärtigen astronomischen Forschung beitragen. So sehen wir das junge Wissensgebiet der Astrophotometrie, das seinen Aufschwung den Zöllner, Seeliger, Pickering, Müller — um nur die hervorragendsten Namen zu nennen — verdankt, auch weiterhin in rascher Fortentwicklung, die Großes für die Zukunft verspricht. Ich selbst hoffe mit allen meinen Kräften an dieser Fortentwicklung mitwirken zu können und mich so der Ehre würdig zu erweisen, der Preußischen Akademie der Wissenschaften anzugehören.

Erwiderung des Sekretars Hrn. Planck auf die Antrittsreden der HH. Ludendorff, Guthnick, Johnsen

Nach den schmerzlichen Verlusten der letzten Jahre empfindet es die Akademie mit freudiger Genugtuung, daß auf mehreren ihrer Arbeitsgebiete heute wieder jüngere frische Kräfte am Werke sind. Bei der Wichtigkeit und der wissenschaftlichen Bedeutung der neu besetzten Fächer fällt mir die durch die besonderen Umstände gebotene Verpflichtung doppelt schwer, bei der Begrüßung der gewonnenen Kollegen mich der äußersten Kürze zu befleißigen.

Allerdings wird die Aufgabe, für einen gemeinsamen Willkommensgruß die Form zu finden, dadurch erheblich vereinfacht, daß Sie Beide, Hr. LUDENDORFF und Hr. GUTHNICK, obwohl Sie verschiedenen Instituten an die Spitze gestellt sind, dennoch im Grunde in derselben Richtung arbeiten, jeder auf seinem besonderen Wege, auf den ihn seine Neigung und die Umstände seines wissenschaftlichen Lebensganges geführt haben. Wenn der eine von Ihnen sich bisher vorwiegend mit der Erforschung des spektral zerlegten Lichtes, der andere mehr der photometrischen Messung der Gesamtstrahlung der Gestirne gewidmet hat, so stehen Sie Beide in dem gemeinsamen heißen Ringen um die Gewinnung immer genauerer Kenntnisse von den kosmischen Vorgängen, in welchem als höchster Kampfpreis winkt die Feststellung der nächsten Dezimale in der exakten Formulierung der Himmelserscheinungen — die wichtigste Vorbedingung für die Entwicklung einer wohl begründeten kosmologischen Weltanschauung. Und wenn die Akademie Sie, Hr. LUDENDORFF, auf Ihrer diesjährigen Septemberfahrt nach Mexiko zu Ihren Messungen des Koronaspektrums mit guten Wünschen begleitet, so wünscht sie Ihnen, Hr. GUTHNICK, für die Bearbeitung des interessanten Plans, in den Schwankungen der Planetenstrahlung die Helligkeitsschwankungen ihrer gemeinsamen Lichtspenderin, der Sonne, zu erkennen, einen vollen und reichen Erfolg.

Vom Arbeitsfeld des Astronomen, dem Makrokosmos, erscheint der Übergang zu den mikroskopischen Objekten des Mineralogen vielleicht zuerst als ein etwas gewaltsamer. Und doch müssen gerade die reizvollen Betrachtungen über den Zusammenhang der Wissenschaften, mit denen Sie, Hr. JOHNSEN, Ihre Antrittsrede geschmückt haben, dazu anregen, der mannigfachen Beziehungen zu gedenken, welche die fortschreitende wissenschaftliche Forschung zwischen diesen beiden Gebieten offenbart hat. Denn wenn auch KEPLERS genialer Traum von der Art des Zusammenhangs der Planetenbahnen mit den Kristallsystemen sich als ein unwirkliches Phantasiegebilde herausstellen mußte, so wiesen seine Ideen doch prophetisch auf die nahe Verwandtschaft hin, die in unserer heutigen Vorstellung zwischen der Welt der Gestirne und derjenigen der Moleküle und Atome besteht. Hier wie dort die nämlichen Attraktionsgesetze, die nämlichen Bewegungsformen und, was besonders ins Gewicht fällt, die nämlichen elektromagnetischen Wellen, welche uns Kunde von den feinsten Vorgängen bringen, auf dem einen Gebiet als Licht-, auf dem andern als Röntgenstrahlung.

Aber Sie betreiben die Mineralogie nicht nur vom Standpunkt des Physikers, Chemikers und Kristallographen. Ihr Interesse erstreckt sich erheblich weiter auf naturgeschichtliche Probleme und hat Sie dadurch auch auf die Nachbargebiete der Geologie und Geographie geführt. So glaubt die Akademie gerade an Ihnen eine in ihren Aufgabenkreis passende Kraft gewonnen zu haben, die über das engere Fachgebiet hinaus fruchtbare Beziehungen mit den benachbarten Wissenschaftszweigen zu pflegen in der Lage und willens ist. Möge Ihnen in dieser Tätigkeit auch künftighin Freude und Erfolg beschieden sein.

Gedächtnisrede des Hrn. Planck auf Heinrich Rubens vom 28. Juni 1923

(Leibniztag)

Schon jährt sich in wenigen Wochen zum erstenmal der Tag, an welchem Heinrich Rubens mitten aus schaffensfreudiger Tätigkeit heraus der schleichenden Krankheit, welcher er bis zuletzt mit dem ganzen Aufgebot seiner starken Lebensenergie widerstanden hatte, zum Opfer fiel. Was der Dahingeschiedene in langjähriger Forschungsarbeit für seine Wissenschaft geleistet hat, was er seinen zahlreichen Schülern bedeutete, das ist schon von verschiedenen Seiten in Wort und Schrift eingehend gewürdigt worden und stellenweise ergreifend zum Ausdruck gekommen. Der Akademie der Wissenschaften ist es erst heute, an ihrem Leibniztage, vergönnt, seiner in öffentlicher Feier zu gedenken. Aber sie darf um so weniger darauf verzichten, ihm ein besonderes Zeichen ihrer Trauer und ihrer Dankbarkeit zu widmen, als der Verblichene, der seine Zugehörigkeit zur Akademie ausgesprochenermaßen als seine höchste äußere Lebensstellung auffaßte, ihr während der Zeit seiner Mitgliedschaft stets mit Einsetzung der ganzen Kraft und Treue seiner aufrechten Persönlichkeit angehangen hat.

Als Rubens vor 15 Jahren in diesen Kreis eintrat, galt er schon als ein anerkannter Meister seiner Wissenschaft. Wohl zuerst hatte seine berühmte Methode der Reststrahlen seinen Namen in der internationalen Physik verbreitet. Dazu hatten sich bald andere hervorragende Leistungen gesellt, wie die Strahlungsmessungen im ultraroten Spektrum, welche zur Aufstellung des Gesetzes der Energieverteilung im Normalspektrum den unmittelbaren Anlaß gaben, oder die Bestimmung des Reflexions- und Emissionsvermögens der Metalle, welche den experimentellen Beweis dafür erbrachte, daß, wie die Maxwellsche Theorie verlangt, beide Größen bei hinreichend langen Wellen sich vollständig aus dem elektrischen Leitungsvermögen der Metalle berechnen lassen.

Die letzten dieser Arbeiten hatte die Akademie bereits in ihre Sitzungsberichte aufgenommen. Seitdem aber Rubens selber Mitglied geworden war, hat er alle seine Originaluntersuchungen zuerst der Akademie zugeeignet, in jedem Jahrgang unserer Sitzungsberichte ist sein Name mit einem oder mehreren Beiträgen vertreten, deren Wert für die wissenschaftliche Literatur um so höher einzuschätzen ist, als Rubens auf seinem speziellen Arbeitsgebiete bis in die letzte Zeit unbestritten die Führung innehatte. Zu ihnen gehört die Ausarbeitung der Quarzlinsenmethode zur Isolation langwelliger Strahlen, zusammen mit R. W. Wood, die Entdeckung der langwelligen Strahlen im Quecksilberspektrum, zusammen mit O. v. Baeyers die Messungen im Rotationsspektrum des Wasserdampfes, zusammen mit G. Hettner, die experimentelle Prüfung des Energiestrahlungsgesetzes, zusammen mit G. Michel.

Daß Rubens bei seinen Untersuchungen sich mit Vorliebe des Beistandes tüchtiger Mitarbeiter versicherte, lag tief begründet in seiner persönlichen Naturanlage und in seiner Art wissenschaftlich zu arbeiten. Es genügte ihm nicht, einem schwierigen Problem auf einsamer Fährte nachzuspüren und sich, von der Umwelt abgeschlossen, in seine Zergliederung zu vertiefen, ihm lag es besser, den Angriff auf einer breiteren Front vorzunehmen; und wenn das Problem bewältigt war, so wollte er die Lösung nicht für sich allein behalten, sondern er trachtete danach, der neugewonnenen Erkenntnis auch zur äußeren Anerkennung zu verhelfen und sie zum Allgemeingut zu machen. Daraus entsprang sein Bedürfnis nach wissenschaftlicher Mitteilung, seine Freude am Verkehr mit jüngeren Fachgenossen, seine Vorliebe für das Lehramt und daraus schließlich auch der besondere Einfluß seiner wissenschaftlichen Persönlichkeit. Sicherlich ist manche wissenschaftliche Anregung von ihm ausgegangen, ohne daß sein Name mit ihr ausdrücklich in Verbindung gebracht wurde.

Wenn Rubens bei einem Vortrag über die Ergebnisse, sei es einer eigenen, sei es, was er häufig und gern übernahm, einer fremden Arbeit erst die Geschichte und die Bedeutung des Problems, dann die Ausarbeitung der Beobachtungsmethode in klaren, knappen Worten schilderte, wenn er weiter bei der Zeichnung der Versuchsanordnung bedächtig und sicher seine breiten Kreidestriche auf der Tafel zog und die wesentlichsten Einzelheiten in seiner prachtvollen charakteristischen Handschrift besonders illustrierte, dann strömte von ihm mit der wissenschaftlichen Belehrung zugleich auch eine Welle künstlerischen Behagens auf die Zuhörer aus, in der das sachliche Interesse an dem Inhalt des Mitgeteilten sich mit der Befriedigung an der wohlabgerundeten Darstellung harmonisch verband. So pflegte er auch eine Arbeit immer erst dann als vollständig abgeschlossen zu betrachten, wenn sie nicht nur mit der denkbar größten Genauigkeit und Sauberkeit bis zu Ende durchgeführt, sondern auch in der für das Verständnis und die Mitteilung geeignetsten Form ausgemünzt worden war.

Dabei wurde ihm die Durchführung seiner Präzisionsmessungen in dem hiesigen, nun schon fast 50 Jahre alten physikalischen Institut am Reichstagsufer wahrlich nicht leicht gemacht. Welche Leistungen er hier vollbrachte, wie er der durch die Lage des Gebäudes bedingten mechanischen und magnetischen Störungen dadurch Herr wurde, daß er einerseits besondere Instrumente konstruierte, andererseits die Beobachtungen in ruhige nächtliche Stunden verlegte, wie er im Winter mit beharrlicher Geduld der Eiseskälte trotzte, wie er in der Nachkriegszeit das wiederholt von Kugeln politischer Fanatiker und von Sprengwerkzeugen nächtlicher Einbrecher bedrohte Haus dennoch als eine persönliche Heimat liebte und als von Helmholtz überkommenes Erbe hoch in Ehren hielt, das wird in seiner ganzen Bedeutung erst gegenwärtig so recht fühlbar, da die Verhandlungen um die Neubesetzung seiner Stelle bisher namentlich aus dem Grunde noch zu keinem Ergebnis geführt haben, zum schweren Nachteil der hiesigen Pflege der Physik, weil das Institut als veraltet, ungünstig gelegen und für Präzisionsmessungen schlecht geeignet bewertet wird.

Aber das Geheimnis der wissenschaftlichen Erfolge von Rubens' Tätigkeit beruht nicht allein auf der ihm eigenen besonderen Gabe, feine Experimente auszuführen und ihre Ergebnisse klar zu formulieren. Was seinen Arbeiten ihren unvergänglichen historischen Wert verleiht, liegt darin begründet, daß er seine Kunst stets in den Dienst großer Gedanken stellte. Jede einzelne Untersuchung von ihm steht im Zusammenhang mit irgendeinem größeren im Hintergrunde auftauchenden Problem. Auch die letzte, erst nach seinem Tode in den Sitzungsberichten erschienene, zusammen mit seinem jüngsten Mitarbeiter K. Hoffmann ausgeführte spezielle Untersuchung über die Strahlung geschwärzter Flächen war nur als Vorarbeit für spätere größere Aufgaben gedacht. Besonders ein Gedanke ist es, der gewissermaßen als Leitmotiv sein ganzes wissenschaftliches Leben durchklingt: die experimentelle Überbrückung der Kluft zwischen den optischen und den elektrischen Wellen. Durch dieses seit der Entdeckung der elektromagnetischen Wellen durch H. Hertz akut gewordene Problem wurde ihm der gerade Weg gewiesen, den er stets mit zäher Energie verfolgt hat, auf den er immer wieder zurückkehrte, wenn er auch häufig Seitenpfade einschlug, um das Terrain möglichst vollständig zu sondieren und gelegentlich sich darbietende, besonders lockende Früchte mitzunehmen. So benutzte er die von ihm entdeckten ultraroten Reststrahlen von Steinsalz und von Sylvin sogleich dazu, um in Gemeinschaft mit F. Kurlbaum die Intensität der Strahlung in ihrer Abhängigkeit von der Temperatur zu messen, und lieferte damit die, wie es scheint, endgültige experimentelle Entscheidung der Frage nach dem Grundgesetz der Wärmestrahlung. Ohne das Eingreifen von Rubens wäre die Formulierung des Strahlungsgesetzes und damit die Begründung der Quantentheorie vielleicht in ganz anderer Weise, vielleicht gar nicht einmal in Deutschland zustande gekommen.

Wieweit es ihm gelungen ist, sein Hauptarbeitsprogramm durchzuführen, erhellt am einfachsten aus dem Hinweis darauf, daß er den Umfang des der Messung zugänglichen ultraroten Spektrums um volle fünf Oktaven erweitert hat, bis hin zu Wellen von etwa $^1/_3$ mm Länge, der Emissionsbande des Quecksilberdampfes, während die kürzesten, von O. v. Baeyer hergestellten elektrischen Wellen etwa 2 mm lang sind — also ein Unterschied von nur mehr $2^1/_2$ Oktaven. Ihm selber verdanken wir eine vollständige Zusammenstellung und Schilderung der verschiedenen Etappen dieser mühseligen und erfolgreichen Forschertätigkeit in dem Festvortrag, welchen er uns hier in der Friedrichssitzung des Jahres 1917 gehalten hat und der nun als der wichtigste Eigenbericht über seine wissenschaftliche Lebensarbeit von doppelter Bedeutung geworden ist. In seinem Interesse für die Geschichte und für die großen Fragen seiner

Wissenschaft war ihm, dem ausgesprochenen Experimentalphysiker, keine bedeutende physikalische Theorie fremd. Auch der Relativitätstheorie von EINSTEIN hat er von Anfang an lebhafte Aufmerksamkeit zugewandt und unablässig daran gearbeitet, zu ihr die seinem physikalischen Erkenntnistrieb und seiner mathematischen Bildung entsprechende Einstellung zu gewinnen. Ganz besonders beschäftigte ihn in der letzten Zeit die von radikaler relativistischer Seite aufgestellte Behauptung, daß die Ptolemäische Weltansicht der Kopernikanischen physikalisch vollkommen gleichwertig sei, und es verschaffte seiner gesunden wissenschaftlichen Denkweise eine ersichtliche Beruhigung, als er die Entdeckung machte, daß jene Behauptung wenigstens in dieser allgemeinen Form einer genaueren kritischen Prüfung keineswegs standhält.

Es konnte nicht ausbleiben, daß RUBENS, der von Anfang an eins der fleißigsten unserer Mitglieder war, bald nach seinem Eintritt auch zur Mitarbeit an den Geschäften der Akademie häufiger herangezogen wurde und damit Gelegenheit erhielt, seine Gewandtheit und Zuverlässigkeit zu bewähren. So ward er dazu ausersehen, hier in der Leibniz-Sitzung die Gedächtnisrede auf FRIEDRICH KOHLRAUSCH zu halten, so hat er später für unseren Kollegen, seinen langjährigen Institutschef E. WARBURG, wie auch für unser auswärtiges Mitglied W. C. RÖNTGEN bei ihren goldenen Doktorjubiläen die Glückwünsche der Akademie formuliert. Und als im Jahre 1912 die Royal Society zu der solennen Feier ihres 250jährigen Bestehens einlud, sandte ihn die Akademie als ihren Vertreter nach London, um dort eine von ihm selbst verfaßte Adresse zu überreichen. Es entspricht ganz seinem warmen Interesse für die Sache und seiner peinlichen Gewissenhaftigkeit, daß er sich zu dieser Mission durch ein sorgfältiges Studium der Geschichte der Royal Society vorbereitete. Wie ein schönes, längst versunkenes Traumbild liegt heute diese Zeit des vertrauensvollen internationalen Gemeinschaftslebens hinter uns.

Das nämliche Pflicht- und Verantwortlichkeitsgefühl erfüllte ihn bei seiner Tätigkeit in der schwierigen Frage nach der richtigen Ergänzung unserer Mitgliederliste, deren Vollständigkeit er stets seine spezielle Aufmerksamkeit zuwandte. Häufig ist der Antrag auf die Wahl eines neuen korrespondierenden Mitgliedes von ihm ausgegangen. Dabei war die Auslese auch deshalb so schwierig, weil bei der schablonenhaften gleichmäßigen Verteilung der 100 Korrespondentenstellen der Klasse auf 10 Fächer die Physik mit ihren 10 Stellen verhältnismäßig sehr schlecht weggekommen war. Als diese Frage einmal aufgerollt wurde, wirkte Rubens energisch dabei mit, es durchzusetzen, daß jene Zahl jetzt wenigstens auf 15 erhöht worden ist. Gerade bei solchen Anlässen, wo persönliche Fragen in den Vordergrund treten, hat es sich häufig gezeigt, wie gern er mit seinem ruhigen Urteil und seinem unbeirrbaren Gerechtigkeitssinn bereit war, sachlichen Erwägungen gegenüber etwaige Sympathien und Antipathien, die ja bei jeder individuell ausgeprägten Persönlichkeit selbstverständlich sich ausbilden müssen, zurücktreten zu lassen. Nur offenkundigen Entstellungen oder Schaumschlägereien gegenüber konnte er gelegentlich sehr schroff werden und liebte es dann, seinem aufsteigenden Grimme unter sorgfältiger Wahrung aller Höflichkeitsformen durch eine Probe seines ebenso witzigen wie zielsicher treffenden Sarkasmus Luft zu machen.

Doch bei allem diesem würde man Rubens' wissenschaftlicher Persönlichkeit nur unvollkommen gerecht werden, wenn man ihn nur nach seiner Bedeutung für sein Fach einschätzen wollte. Heinrich Rubens war nicht nur Physiker und Naturforscher, er war vor allem Akademiker. Daß er unter den mannigfachen vom In- und Ausland ihm zugeflossenen Auszeichnungen seine Wahl in die Akademie stets als die höchste in Ehren hielt, lag tief begründet in seiner Auffassung von der Bedeutung dieser Körperschaft, in seiner Begeisterung für den akademischen Gedanken, den Gedanken, daß die Wissenschaft, in wievielerlei Fächer sie sich auch spalten möge, im Grunde eine untrennbare Einheit darstellt, und daß daher die Akademie, welche diese Einheit verkörpert, nicht nur repräsentativen Charakter hat, sondern daß sie der dringenden praktischen Aufgabe dienen soll, den Zusammenschluß der einzelnen Wissenschaften in gemeinschaftlicher Arbeit zu fördern. Damit im Zusammenhang steht auch sein Interesse und seine Vorliebe für das humanistische Bildungsideal, besonders charakteristisch für einen Mann, der auf einem Realgymnasium und auf zwei technischen Hochschulen für sein Studium vorbereitet worden war. Oft hatte man Gelegenheit zu beobachten, wie er den Verkehr mit den Vertretern der Geisteswissenschaften schätzte, wie er etwa nach dem Schluß einer Sitzung bei dem üblichen geselligen Beisammensein mit den Kollegen gern durch eine Bemerkung oder eine Frage in einen Meinungsaustausch über Gegenstände trat, die von der Physik weitab liegen. Da mit der sachlichen Annäherung gemeiniglich auch eine persönliche Hand in Hand zu gehen pflegt, so ist es nur natürlich, daß er mit seinem offenen Wesen und seiner Charakterfestigkeit sich allseitig Achtung und Vertrauen schaffte und daß sein Ausscheiden auch von manchen Mitgliedern der andern Klasse vielleicht schmerzlicher empfunden wird, als es sonst der Fall zu sein pflegt. An die Erörterung allgemeinwissenschaftlicher Dinge schloß sich in den letzten sturmbewegten Jahren leicht der Übergang zu politischen Fragen, die ihn, den stark fühlenden Patrioten, bis ins Innerste beschäftigten und ihm oft die Ruhe der Nacht raubten. Kein Zweifel, daß er unter den ständigen seelischen Aufregungen und Enttäuschungen, besonders nach dem Abschluß des sogenannten Friedens, namenlos litt und daß seine von Natur starke Widerstandskraft gegen die heimtückische Krankheit, die ihn befallen hatte, allmählich untergraben wurde. Doch der energische Wille zum Leben und die leidenschaftliche Hingabe an seine Berufspflichten vermochten ihn bis fast zum Ende arbeitsfähig zu erhalten, zumal da ihm durch die aufopfernde Hingabe seiner Gattin die Sorge um den gefährlichen Charakter seiner Krankheit abgenommen wurde. Noch als ich ihn zum letztenmal sah, sprachen wir über akademische Angelegenheiten, und beim Abschied äußerte er die Hoffnung, daß er nun bald wieder auf dem Posten sein werde.

Es ist anders gekommen. Aber er ist uns nicht verloren, seine Persönlichkeit wird unter uns fortleben und vorbildlich weiterwirken. Solange die Akademie Männer wie HEINRICH RUBENS zu den Ihren zählen kann, braucht sie um ihre Zukunft nicht besorgt zu sein.

Aus der Ansprache vom 24. Januar 1924
(Friedrichstag)

In dem Wissenschaftsbetrieb unserer heutigen Akademie steht als höchstes Ziel die Mehrung und die Verarbeitung der reinen Erkenntnis. Daß mit dieser Begrenzung dennoch, oder vielmehr eben deswegen, auch eine wirtschaftlich produktive Arbeit verbunden sein kann, ja daß die nur auf Erkenntnis gerichtete Forschung oft erst die notwendige Vorbedingung für die Eröffnung ganzer Gebiete praktischer Handarbeit schafft, ist uns in neuerer Zeit bei verschiedenen Gelegenheiten eindringlich zum Bewußtsein gekommen. Die Erfindung des Augenspiegels, die Formulierung des Dynamoprinzips, die Darstellung der Anilinfarben, die Isolierung des Milzbranderregers, das sind nur einige herausgegriffene Beispiele für Leistungen von höchster Bedeutung für das praktische Leben, welche auf Grund rein wissenschaftlicher Forschungen ausgeführt worden sind, von Gelehrten, die unserer Akademie als Mitglieder beitraten und einen Teil ihrer Lebensarbeit in den akademischen Schriften niedergelegt haben.

Heute, da das Deutsche Reich infolge des verlorenen Krieges und seiner traurigen Folgeerscheinungen hart vor dem wirtschaftlichen Zusammenbruch steht, sind unserem verarmten Volk derartige wissenschaftliche Leistungen notwendiger als jemals; denn nur sie vermögen vielleicht die Hilfsquellen für wirklich neue Arbeitsgelegenheiten zu erschließen. Das Schlimme aber dabei ist, daß gerade derjenige Stand, aus welchem die Gelehrtenwelt bisher ihre meisten und besten Jünger bezog, der ehemals auskömmlich situierte Mittelstand, verhältnismäßig am allerhärtesten von der wirtschaftlichen Not betroffen ist. So führt die Wissenschaft gegenwärtig einen verzweifelten Kampf um ihre Weiterexistenz. Denn von einer Pflege der Wissenschaft wird nicht mehr die Rede sein können, wenn diejenigen, welche sie betreiben, zugrunde gehen.

Zwar ist die drohende Gefahr nicht eine solche, deren Wirkungen von heute auf morgen sich fühlbar machen. Denn die Gelehrten, welche gegenwärtig noch am Werke sind, lieben ihre gewohnte Arbeit, und sie werden dieselbe auch unter erschwerenden Verhältnissen so lange fortsetzen, als ihre durch die Sorge um das tägliche Leben und durch die Ausübung ihrer ungemein gesteigerten staatsbürgerlichen Pflichten beständig in Anspruch genommenen Kräfte dazu ausreichen. Um so trüber aber sind die Aussichten für später, für die Heranbildung des jungen Nachwuchses. Schon jetzt mehren sich die Fälle, daß hoffnungsvolle jugendliche Elemente, durch äußere Umstände gezwungen, ein wirtschaftlich aussichtsloses wissenschaftliches Studium aufgeben und sich einträglicheren Berufsarten zuwenden; und wenn es einmal zur Regel werden sollte, daß die wissenschaftlich Begabtesten unter der Jugend sich mit Vorliebe die gewinnbringendsten Beschäftigungen auswählen, dann ist es auf wissenschaftlichem Gebiet mit der Auslese der Besten bei uns vorbei, und Deutschland wird in dem gesteigerten Wettbewerb der Kulturvölker seinen bisher noch mühsam behaupteten Platz unweigerlich verlieren und in die zweite Reihe zurückzutreten gezwungen sein. Daß damit naturnotwendig auch ein allgemeiner materieller Niedergang verbunden sein wird, bedarf keiner näheren Begründung.

Wem die Schilderung solcher Aussichten übertrieben erscheint, dem wird vielleicht die Tatsache zu denken geben, daß schon jetzt aus mancherlei uns wohlgesinnten Kreisen des In- und Auslandes, besonders des ehemals im Kriege befreundeten und neutralen, uns fortdauernd verständnisvolle Beweise zarter Sympathie und wohlgemeinte Spenden zur Hebung des Loses der deutschen Gelehrten zufließen, beredte Zeugnisse reiner Menschlichkeit, welche die tröstende Wahrheit künden, daß in unserer gegenwärtigen, vielfach nur auf materielle Ziele eingestellten Zeit auch zwischen Menschen, die einander persönlich fernstehen und nur durch ihre Gesinnung verwandt sind, ein ideales Gefühl gegenseitiger Hilfsbereitschaft sowie die liebenswürdigste und uneigennützigste Tugend, die der Dankbarkeit für empfangene geistige Wohltaten, noch nicht ausgestorben ist.

Aber außer der Not der Gelehrten droht der wissenschaftlichen Arbeit bei uns gegenwärtig noch eine andere und in gewissem Sinne noch weit schlimmere Gefahr; das sind die stets wachsenden Schwierigkeiten in der Beschaffung der nötigen Forschungsmittel sowie in der Aufbringung der Kosten für die Publikationen. Denn persönliche Notlage macht sich verhältnismäßig viel unmittelbarer und dringender geltend und wird daher auch schneller anerkannt als sachliche Bedürfnisse, deren Vernachlässigung sich erst allmählich auszuwirken pflegt, weil die Betriebsmaschine häufig auch ohne Speisung noch eine Zeitlang weiterläuft, ehe sie vollständig zum Stillstand kommt. In voller Würdigung dieses ernsten Umstandes hat unsere Akademie bei der regelmäßig wiederkehrenden Aufstellung ihres Haushaltungsplanes stets daran festgehalten, ihre Anforderungen für sachliche Zwecke denen für persönliche voranzustellen. So hat sie auch kein Wort darüber verloren, als es infolge der rapide fortschreitenden Geldentwertung so weit kam, daß die satzungsmäßigen Jahresbezüge ihrer Mitglieder nicht einmal mehr ausreichten, um die mit dem Besuch einer einzigen Sitzung verbundenen baren Auslagen zu decken. Denn sie durfte darauf rechnen, daß diese Fragen zugleich mit manchen anderen auch ohne das eine Regelung erfahren würden. Statt dessen konnte sie mit um so größerem Nachdruck bei jeder Gelegenheit dafür eintreten, daß ihr zur Weiterführung ihrer wissenschaftlichen Unternehmungen, vor allem zur Herausgabe ihrer Sitzungsberichte, welche den regelmäßigen Pulsschlag ihres Lebens bedeuten, die für einen den Verhältnissen entsprechend eingeschränkten Betrieb durchaus notwendigen Mittel zur Verfügung gestellt werden, und sie erkennt gerne an, daß diese Anträge bei der vorgesetzten Behörde stets wohlwollende Aufnahme gefunden haben. Im allgemeinen sieht es jedoch in dieser Beziehung in allen Ländern Deutschlands außerordentlich trübe aus. Zwar entfaltet die auf Anregung der Akademie ins Leben getretene und vom Reich unterstützte Notgemeinschaft der deutschen Wissenschaft schon durch mehrere Jahre hindurch ihre segensreiche Tätigkeit und hat manche wertvolle wissenschaftliche Untersuchung vor dem sicheren Untergang bewahrt; aber die Notgemeinschaft kann und soll nicht zu einer dauernden Einrichtung werden, sie kann um so weniger den Staat von seinen regelmäßigen Verpflichtungen für die Wissenschaft entlasten.

So ist es denn gekommen, daß mancher Leiter eines wissenschaftlichen Instituts seit geraumer Zeit in einem ständigen Konflikt lebt zwischen den Pflichten, welche ihm die gewissenhafte Einhaltung der seinen Ausgaben durch den gesetzlichen Haushaltungsplan gezogenen Grenzen auferlegt, und den Forderungen, welche sich an die Erfüllung der allerwichtigsten Aufgaben seines Instituts knüpfen. Wäre er stets nur den ersteren gefolgt, so hätte schon längst manches Institut seine Pforten gänzlich schließen müssen. Das sind Verhältnisse, welche dringend eine befriedigende Regelung erheischen. Dazu kommt nun neuerdings noch das Gebot eines planmäßigen Abbaus aller vom Staat unterhaltenen Betriebe. Wenn auch die Aufwendungen für Kulturzwecke im gesamten Staatshaushalt nur eine verhältnismäßig bescheidene Rolle spielen, so ist es doch selbstverständlich, daß auch auf wissenschaftlichem Gebiete die persönlichen und sachlichen Ausgaben auf das noch irgendwie erträgliche Mindestmaß zurückgeschraubt werden müssen, wobei allerdings nicht außer acht zu lassen ist, daß schon im Laufe der letzten Jahre gerade die wissenschaftlichen Anstalten ihr Personal lange nicht in der Weise verstärkt haben wie die meisten anderen Behörden. Aber hier tritt eine Gefahr auf, die kein an verantwortlicher Stelle Stehender unerwähnt lassen darf, will er sich nicht einer schweren Pflichtverletzung schuldig machen. Diese Gefahr liegt darin, daß bei dem vorzunehmenden allgemeinen Abbau der Grundsatz der Gleichmäßigkeit in allzu wörtlichem Sinne auf wissenschaftliche Betriebe angewendet wird; sie ist um so drohender, als bei flüchtiger

Betrachtung eine gleichmäßige Behandlung nicht nur einfacher und bequemer, sondern vor allen Dingen gerechter erscheint. Aber bei dem eigenartigen Charakter, der dem Organismus der Wissenschaft zukommt, bedeutet das höchste Maß der formalen Gerechtigkeit oft gerade den ärgsten Grad der sachlichen Schädigung. Ja, man kann geradezu behaupten, daß, wenn es sich um zwei gleichbedeutende und gleich wertvolle Unternehmungen handelt, deren Fortführung sich als allzu kostspielig erweist, es sich immerhin noch mehr empfiehlt eine davon ganz fallen zu lassen und die andere mit allen verfügbaren Mitteln zu unterstützen, als jeder von ihnen etwa die Hälfte zuzuwenden; denn das würde häufig den sicheren Ruin für beide bedeuten. Auf der anderen Seite wird es in vielen Fällen vorzuziehen sein, ein wissenschaftliches Unternehmen dadurch zu retten, daß man es in langsamerem Tempo, mit geringeren Mitteln, so gut es eben gehen will, weiterführt, bis wieder einmal eine Zeit kommt, wo eine kräftigere Unterstützung einsetzen kann. Denn es ist viel leichter, die Zuwendungen an ein bereits bestehendes Unternehmen zu vervielfachen, als das einmal ganz aufgegebene wieder neu ins Leben zu rufen.

Gewiß ist in vielen solchen Fällen die Entscheidung ungemein schwierig und wird häufig von besonderen mehr zufälligen Umständen beeinflußt werden. Aber Härten sind hier der Natur der Sache nach unvermeidlich und müssen im Hinblick auf größere Ziele mit in den Kauf genommen werden. Das einzige Mittel, welches eine gewisse Gewähr für die Vermeidung ganz schlimmer Mißgriffe zu bieten verspricht, besteht in einer rechtzeitigen und engen Fühlungnahme der entscheidenden Instanzen mit den sachverständigen Faktoren. Auf diese Weise lassen sich vielleicht manchmal recht wohl empfehlenswerte Ausgleiche schaffen. So dürfte es beispielsweise Fälle geben, in denen eine Zusammenlegung zweier Institute von der nämlichen Arbeitsrichtung nicht nur wesentliche Ersparnisse an Personal und Verwaltungsarbeit, sondern vielleicht sogar zugleich eine Verstärkung der wissenschaftlichen Leistungsfähigkeit zur Folge haben könnte. Aber selbstverständlich ist hier jedesmal die sorgfältigste Prüfung vonnöten.

Die Akademie vertraut gern darauf, daß es der verständnisvollen Fürsorge unserer Unterrichtsverwaltung gelingen wird, in derartigen schwierigen Fragen eine mit allen sachlich berechtigten Interessen verträgliche Lösung zu finden und so der wissenschaftlichen Forschung in unserem Vaterlande über eine ihrer furchtbarsten Krisen hinwegzuhelfen.

Antrittsrede des Hrn. HAHN vom 2. Juli 1925
(Leibniztag)

Wenn mir heute die große Ehre erwiesen wird, in diesen Kreis bedeutender und hochangesehener Gelehrter aufgenommen zu werden, und wenn ich mir die Gründe dafür klarzumachen suche, so beschleicht mich ein Gefühl der Beschämung, denn ich verdanke diese Auszeichnung genau genommen einer Reihe von glücklichen Zufällen.

Nach zweijähriger Assistententätigkeit im organisch-chemischen Laboratorium meines verehrten Lehrers THEODOR ZINCKE in Marburg bot sich mir durch diesen die Möglichkeit einer Anstellung in der chemischen Technik, bei der neben chemischen auch Sprachkenntnisse verlangt wurden. Als ich daher beschlossen hatte, zur Erlernung der englischen Sprache nach London zu gehen, riet mir mein Lehrer, die Gelegenheit auszunützen und im RAMSAYschen Laboratorium zu arbeiten.

Die kurz vorher von RAMSAY und SODDY festgestellte Bildung von Helium aus Radium hatte dort großes Interesse an radioaktiven Problemen geweckt, und so wurde auch mir eine radioaktive Untersuchung zugewiesen. Dabei fand ich in einem mir zwecks Reinigung übergebenen Präparat, das mir als Radium bezeichnet worden war, ein neues Radioelement, das Radiothorium, weil zufällig das Radiumpräparat aus einem Thormineral gewonnen worden war und daher die Zerfallsprodukte des Thoriums enthielt. Die Auffindung dieses Umwandlungsproduktes Radiothor war der Beginn meiner Umwandlung vom organischen Chemiker zum radioaktiven.

Nach $^3/_4$jährigem Aufenthalt in London ging ich zur weiteren Ausbildung auf ebenso lange Zeit zu Prof. RUTHERFORD nach Canada, und durch den Einfluß dieses hervorragenden und überaus anregenden Gelehrten wurde ich endgültig mit der radioaktiven Forschung verknüpft.

Auf den Rat RAMSAYS, der EMIL FISCHER persönlich nahestand, ging ich dann nach Berlin in das FISCHERsche Institut, um mich dort ganz dem neuen Arbeitsgebiet zu widmen. Obwohl dieses der Arbeitsrichtung EMIL FISCHERS ganz fernlag und in seiner anfänglichen Entwicklung sogar auf ein gewisses Mißtrauen bei ihm stieß, hat er doch in seiner großzügigen Art meine Arbeit in jeder Weise gefördert und mir ermöglicht, frei von jeder Unterrichtstätigkeit nur dieser Arbeit zu leben.

Die Radioaktivitätsforschung war damals noch eine junge Wissenschaft. Wer sich ihr ganz hingab, hatte es leicht, Entdeckerfreuden zu erleben, die bei den älteren Schwesterwissenschaften viel schwieriger zu erreichen waren. Diesem glücklichen Umstand verdanke ich die Auffindung des Mesothors sowie einiger anderer radioaktiver Substanzen. Hand in Hand damit ging die Untersuchung der von den Radioelementen emittierten α-Strahlen und der Nachweis der Erscheinungen des radioaktiven Rückstoßes.

Kaum ein Jahr nach meinem Eintritt in das FISCHERsche Institut hatte ich das Glück, in Frl. LISE MEITNER, die zu Studienzwecken von Wien nach Berlin gekommen war, eine Kollegin zu finden, die an die radioaktiven Probleme von der rein physikalischen Seite herantrat. Eine Anzahl gemeinsamer Untersuchungen war die Frucht der Zusammenarbeit von Physik und Chemie. Ich erwähne die systematische Prüfung der β-Strahlen aller bekannten Radioelemente, die in Gemeinschaft mit OTTO v. BAEYER zum ersten Male aufgenommenen magnetischen Linienspektren von β-Strahlen und die Verwertung der Rückstoßerscheinungen zur Reindarstellung radioaktiver Zerfallsprodukte, die ihrerseits zur Auffindung kurzlebiger, bis dahin nicht bekannter Umwandlungsprodukte führte.

Von den späteren gemeinsamen Arbeiten sei die Suche nach dem Protaktinium, der Muttersubstanz des Aktiniums, genannt. Durch den Krieg fast ganz unterbrochen, führte sie 1918 zum Erfolg. Das Protaktinium ist ein neues Element, auch im Sinne des Chemikers; es nimmt im periodischen System einen eigenen

Platz ein und muß aus genügend großen Mengen Ausgangsmaterial in auch dem Chemiker zugänglichen Mengen darstellbar sein.

Die Erforschung der radioaktiven Hauptumwandlungsreihen ist heute als abgeschlossen zu betrachten. Geleitet von fest begründeten radioaktiven Sätzen können wir sagen, daß neue Elemente, die etwa dem Radium an Stärke und Bedeutung gleichzusetzen wären, nicht mehr vorhanden sein können; was aber nicht ausschließt, daß Substanzen geringerer Intensität sich der Kenntnis bisher entzogen haben.

So sei der Kuriosität halber eine von mir ausgeführte Arbeit erwähnt, die zur Auffindung und Herstellung des Uran Z führte, das als Abzweigungsprodukt der Uranreihe nur zu einigen Promille neben den anderen Zerfallsprodukten gebildet wird und sich daher dem Nachweis leicht entzieht. Hier zeigte sich der Vorteil der schönen, nicht verseuchten Räume des Kaiser-Wilhelm-Instituts für Chemie, in das ich bei seiner Gründung im Jahre 1912 berufen worden bin.

In den letzten Jahren habe ich begonnen, gewisse radioaktive Erscheinungen für allgemein chemische Fragen nutzbar zu machen. Es handelt sich um das Studium der Oberflächen und Oberflächenänderung fein verteilter Stoffe. Die Möglichkeit der Bearbeitung dieser Fragen bringt einen weiteren Beweis für die Tatsache, daß die Radioaktivitätsforschung nicht nur als Selbstzweck, sondern auch als Mittel zur Lösung vieler Probleme fruchtbringend herangezogen werden kann.

Antrittsrede des Hrn. Bodenstein vom 2. Juli 1925
(Leibniztag)

Zu dem Fach, das ich an unserer Universität vertrete, zur physikalischen Chemie, kann man von der Chemie und von der Physik aus gelangen, ist es doch ein Grenzgebiet, das mit dem Rüstzeug beider Disziplinen arbeitet. Ich hatte mir das Studium der Chemie erwählt und ahnte als junger Student nichts von der Existenz einer physikalischen Chemie. Beherrschend war damals die organische Chemie, und eine forschende Tätigkeit in ihr war das Ziel meines Strebens. So bereitete mir mein verehrter Lehrer VIKTOR MEYER eine herbe Enttäuschung, als er mir für meine Doktordissertation statt des erhofften organischen Themas vorschlug, zu untersuchen, bei welcher Temperatur ein höchst simpler anorganischer Stoff, der Jodwasserstoff, beginnt, sich merklich zu zersetzen.

Die Arbeit wurde trotzdem mit Eifer in Angriff genommen; sie entwickelte sich zu einem Schulfall des chemischen Gleichgewichts und der Reaktionsgeschwindigkeit, an dem ich — wie mein hochverehrter Lehrer — diese Begriffe handhaben lernten, die uns ebensowenig geläufig waren wie den meisten Chemikern jener Zeit. Dankbar darf ich dabei der Führung gedenken, welche uns neben den Schriften von WILHELM OSWALD die zweier anderer Männer boten, die nicht allzulang danach Zierden dieser Akademie wurden, JACOBUS HENDRICUS VAN'T HOFF und WALTER NERNST.

Ich habe dann noch einmal einen bescheidenen Versuch einer organischen Arbeit gemacht — unter Leitung von KARL LIEBERMANN —, aber ich bin danach endgültig zu den Problemen der Dissertation zurückgekehrt, und ich habe diese mit einer gewissen Einseitigkeit bis auf den heutigen Tag verfolgt. Nur gelegentliche Ausflüge in Nachbargebiete haben die Beschäftigung mit Gleichgewicht und Geschwindigkeit ganz besonders bei Gasreaktionen unterbrochen.

Dabei hat sich allerdings das Ziel der Forschung allmählich gewandelt. War es in jener Zeit der jungen physikalischen Chemie bei der einzelnen Untersuchung der Wunsch, experimentelle Belege zu schaffen für die noch nicht oder nur in wenigen Fällen verifizierten Gesetze unserer Wissenschaft oder die einzelnen studierten Vorgänge einzuordnen in diese oder jene Gruppe, welche die Theorie voraussehen ließ — wobei freilich auch meist die Theorie wieder Förderung erfuhr durch die Vermehrung des Versuchsmaterials —, so verlor diese Aufgabe allmählich an Interesse, trat zurück hinter dem Bestreben, die Ursachen zu verstehen, welche für die so mannigfach wechselnde Geschwindigkeit der chemischen Reaktionen maßgebend sind.

Dies Problem beherrscht noch heute meine wissenschaftliche Tätigkeit. Es ist durchaus noch ungelöst, und trotz mancher Ansätze ist der Weg noch nicht zu erkennen, der zu seiner Lösung führen wird. Das aber glaubte ich annehmen zu dürfen, daß unsere Kenntnis des intimen Ablaufs der unbeeinflußten freiwilligen chemischen Reaktionen viel gewinnen kann aus dem Studium von solchen Vorgängen, bei denen wir in das regellose Spiel der Molekeln dadurch eingreifen, daß wir ihnen in dosierbarer Weise Energie zuführen durch Lichtstrahlen, durch die α-Strahlen der radioaktiven Stoffe oder durch ähnliche Mittel.

So gelangte ich zum Studium photochemischer Prozesse; es gelang mir, die bis dahin (1913) ohne Rücksicht auf diese ihre Besonderheit studierten photochemischen Vorgänge unter einem einheitlichen Gesichtspunkt zusammenzufassen, sie zu systematisieren, und zwar nach ihrem Verhältnis zum Äquivalentgesetz von Einstein. Das ist für einen idealen photochemischen Prozeß abgeleitet; die realen Vorgänge gehorchen ihm, oder sie zeigen Abweichungen im einen oder im anderen Sinne, Abweichungen, deren Gründe aus den dem ursprünglichen Akt der Lichtabsorption sich anschließenden Folgereaktionen verständlich und vielfach exakt berechenbar wurden.

So nimmt heute die Photochemie in meinen Arbeiten einen breiten Raum ein, nicht indem sie meine alten Probleme zurückgedrängt hat, sondern sie fördernd neben ihnen: die Fülle der jungen Mitarbeiter, welche die Studentenschaft eines chemischen Instituts seinem Leiter darbietet, erlaubt eine reiche Experimentalarbeit. Und mit dieser Experimentalarbeit — fundamentale Theorien jemals aufgestellt zu haben, darf ich mich nicht rühmen — hoffe ich auch in Zukunft meiner wissenschaftlichen Aufgabe zu dienen, hoffe damit auch meinen

Anteil beitragen zu können zu der Tätigkeit unserer Akademie und damit ihr wie den verehrten Kollegen den Dank abzustatten für die Ehre der Aufnahme in ihren Kreis.

Erwiderung des Sekretars Hrn. Planck

Ihnen beiden, Hr. Kollege Hahn und Hr. Kollege Bodenstein, darf ich heute gemeinsam den Willkommengruß der Akademie darbringen, die es mit hoher Befriedigung empfindet, daß durch diesen Zuwachs an frischen Kräften das weitausgedehnte Gebiet, welches die chemischen Fächer umschließen, wieder einmal eine neue Verstärkung empfangen hat.

Sie arbeiten sozusagen an entgegengesetzten Fronten. Ihnen, Hr. Bodenstein, war von Anfang an die ältere Schwesterwissenschaft, die Physik, eine Führerin, und Ihre frühesten Arbeiten galten der Prüfung der Gesetze, welche aus der Thermodynamik für das chemische Gleichgewicht entspringen. So wurde es Ihr erstes in weiteren Kreisen bemerktes Verdienst, daß Sie mit dem Märchen von den falschen Gleichgewichten, welches seinerzeit bereits eine umfangreiche und zum Teil geistvolle Literatur gezeigt hatte, einmal gründlich aufräumen konnten. Zugleich erkannten Sie die hohe Bedeutung, welche die Diffusionsgeschwindigkeit unter Umständen auf den Verlauf chemischer Gasreaktionen besitzt, und von da aus wurden Sie weiter geführt zur Untersuchung spezieller Reaktionsgeschwindigkeiten, deren Art und Ablauf Sie in zahlreichen Fällen durch unermüdliche Variierung der Versuchsbedingungen nach allen Richtungen klargestellt haben. Viel bleibt freilich noch zu tun auf diesem dunklen Gebiete, aber Ihre bisherigen Erfolge lassen uns zuversichtlich hoffen, daß Ihre Arbeiten noch öfter neues Licht über die in vieler Beziehung noch rätselhaften Vorgänge beim Zusammenstoß von Atomen oder Molekülen verbreiten werden.

Sie, Hr. Hahn, haben von jeher Ihr besonderes Interesse dem Studium jener eigenartigen Erscheinungen zugewendet, welche vor kaum einem Menschenalter wie aus heiterem Himmel in Chemie und Physik einfielen und damit den Anstoß zu einer unerhörten Vertiefung unserer Naturerkenntnis geliefert haben. Freilich sind auch heute noch lange nicht alle von ihnen aufgegebenen Rätsel gelöst, schon wegen der bunten und anscheinend regellosen Mannigfaltigkeit, die z. B. darin liegt, daß von zwei nahe miteinander verwandten radioaktiven Elementen die Lebensdauer des einen nur einen winzigen Bruchteil einer Sekunde, die des andern viele Tausende von Jahren beträgt.

Viel hat zu Ihren Erfolgen, wie Sie selber soeben hervorgehoben haben, sicherlich die Neuheit und Unberührtheit des von Ihnen bearbeiteten Gebiets beigetragen. Aber wenn Sie beim Rückblick auf Ihren Entwicklungsgang dem glücklichen Zufall eine besonders hervorragende Rolle zuschreiben, so möchte ich dem doch meine Meinung gegenüberhalten, daß es in der Wissenschaft wohl manchmal Verdienst ohne Glück geben mag, aber ganz gewiß niemals Glück ohne Verdienst, wenn auch der Zusammenhang nicht immer handgreiflich aufzuweisen ist.

Dank Ihrem Eingreifen in die Erforschung des durch die Entdeckung der Radioaktivität erschlossenen Neulands sind die Gesetzmäßigkeiten der mannigfachen hier auftretenden Phänomene nach vielen Richtungen aufgeklärt worden. Sie haben nicht nur eine größere Anzahl radioaktiver Elemente neu entdeckt, sondern Sie wußten auch, was stets von dem Walten echt wissenschaftlichen Geistes zeugt, die Entdeckung erst wahrhaft wertvoll zu machen durch die weitergehenden Schlüsse, die Sie daran knüpften, und die sich, wie meistens, sowohl nach der theoretischen Seite hin auswirken, wie beim Ionium und beim Protaktinium, welche die endgültige Einordnung der Elemente nach ihren genealogischen Ketten ermöglichten, als auch nach der praktischen Seite, wie namentlich beim Radiothor und beim Mesothor, welche schon jetzt auch für die Industrie eine wichtige Bedeutung gewonnen haben.

So dürfen wir auch für die Zukunft sicherlich noch manche

neue Entdeckung und manche neue Aufklärung als Frucht Ihrer Arbeiten erwarten.

Antrittsrede des Hrn. Paschen vom 2. Juli 1925
(Leibniztag)

Die Akademie hat mir die hohe Ehre erwiesen, mich in ihren Kreis aufzunehmen. Indem ich die Auszeichnung nicht nur als Dekorum für mein jetziges Amt, sondern auch als eine Anerkennung wissenschaftlicher Bestrebungen auffassen zu dürfen meine, drücke ich der Akademie meinen tiefgefühlten Dank für diese Anerkennung aus, welche mir als eine der höchsten erscheint, die einem Gelehrten zuteil werden kann.

Durch eine besonders glückliche Verkettung der Umstände wurde mir das Glück zuteil, im Laufe meines Studiums sehr bald die Wissenschaft zu finden, welche meiner Begabung entsprach und in der ich hoffen konnte, meine Kräfte nützlich einzusetzen. Zu diesen glücklichen Umständen rechne ich, daß es mir vergönnt war, von Anfang meines Studiums an in dem von August Kundt in Straßburg eingerichteten Laboratorium für Physik arbeiten und schließlich mich der Schar begeisterter Schüler dieses eigenartigen Physikers anschließen zu dürfen. Die Bedeutung von Kundt als Leiter einer fruchtbaren Schule der Experimentalphysik lag allein in seiner Persönlichkeit. Kundt war eine Künstlernatur. Er betrieb auch die Physik als ein Künstler in seiner eigenen Forschung und in der Erziehung seiner Schüler. Ebensosehr intuitiv wie verstandesgemäß richtete sich sein Augenmerk über die Kleinigkeiten mannigfaltiger Erscheinungen hinweg, welche andere Experimentatoren damals wohl sorgsam untersuchen mochten, auf den großen Zusammenhang und das Wesentliche der Dinge. Der begeisterte Schüler mußte ihm folgen. Denn in der Welt dieses Laboratoriums gab es keinen anderen Weg.

Noch eines zweiten großen Physikers und Chemikers muß ich hier gedenken, der entscheidend auf meine Entwicklung eingewirkt hat, nämlich WILHELM HITTORFs in Münster. Was in der KUNDTschen Schule nicht genügend betont wurde, das zu lernen erhielt ich als Gehilfe HITTORFs Gelegenheit, nämlich die Ausführung von Präzisionsmessungen der Art, wie sie von REGNAULT ausgeführt waren. Auch die selbstlose, jeder äußeren Ehrung abholde und nur der Wissenschaft um ihrer selbst willen ergebene Persönlichkeit HITTORFs war für mein weiteres Leben ein unvergeßliches Vorbild.

In solcher Weise begeistert für die Physik und eingeweiht in die Technik feiner Präzisionsmessungen kam ich in das Laboratorium von HEINRICH KAYSER in Hannover und durfte dort die großartigen Arbeiten von KAYSER und RUNGE über die Spektren der Elemente mit erleben, um schließlich als Mitarbeiter von CARL RUNGE tief in die Geheimnisse dieser Wissenschaft eingeweiht zu werden.

Der Zauber der Spektralgesetze hat mich nicht wieder freigegeben. Sobald in meinem Tübinger Laboratorium die dafür notwendigsten Einrichtungen getroffen waren, habe ich mich dort ganz Problemen dieser Disziplin gewidmet. Es waren recht unvollkommene eigene Vorstellungen, welche dabei anfangs noch den Experimenten zugrunde gelegt werden mußten, so daß ich es heute als einen merkwürdigen Glücksfall ansehen muß, daß einige Tatsachen von grundlegender Bedeutung gefunden wurden. Aber ich durfte bald Zeuge sein, wie mein Freund WALTHER RITZ das sogenannte Kombinationsprinzip der Seriengesetze entdeckte, nach welchem die Termreihen an Stelle der einzelnen Serien als das Wesentliche der Serienspektren erschienen. Dann kam die Deutung dieser Dinge durch NIELS BOHR und die gewaltige Entwickelung der theoretischen Spektralanalyse, die natürlich meine Arbeiten beeinflußte und mich in den Stand setzte, hie und da einiges zu diesem Fortschritt beizutragen, zum Teil in Zusammenarbeit mit ARNOLD SOMMERFELD, dem wir neben BOHR außerordentlich viel in der Deutung und Ordnung der empirischen Gesetze verdanken.

Wenn man nun von mir ein Arbeitsprogramm für die Zukunft erwartet, so fühle ich mich da vorerst noch in einer unsicheren Lage. Für die experimentelle Fortsetzung meiner Spektralstudien fehlen hier noch die Einrichtungen. Andererseits bringen die der Reichsanstalt obliegenden Forschungen vielerlei zur Mitarbeit verlockende Anregungen.

Die Arbeitsrichtung eines Experimentalphysikers kann ja recht verschieden sein. In der Reichsanstalt handelt es sich vorwiegend um Präzisionsmessungen von Konstanten eines Gesetzes, welches schon völlig bekannt ist, das heißt durch welches ein Vorgang in allen Einzelheiten theoretisch und praktisch übersehbar ist. Das Resultat ist ein Zahlenwert, der die genaueste Beschreibung des fraglichen Naturvorganges darstellt und der daher weiteren Forschungen und praktischen Anwendungen zugrunde gelegt werden kann. Diese Art Arbeit erhält ihre Weisungen durchaus von der Theorie. Sie besteht in der technischen Ausführung von theoretisch vorgeschriebenen Versuchen.

Aber in der experimentellen Physik gibt es eine andere Art Forschung, welche umgekehrt der Theorie neue Gesichtspunkte oder sogar Grundlagen liefern kann. Wie die experimentellen Arbeiten über die Strahlung wichtige Fingerzeige für die Entdeckung des richtigen Gesetzes der Strahlung schwarzer Körper und seiner prinzipiell neuen Grundlagen gegeben haben, so sind die empirischen Forschungsresultate über die Serien die Wegweiser für Bohrs Gedanken zur Deutung der Spektren und des Atom-Aufbaues gewesen. Die experimentellen Arbeiten solcher Art entbehren zunächst der theoretischen Führung. Als Leitstern und Prüfungsobjekt dienen empirische Regeln, um deren richtige Formulierung und Deutung es sich handelt. Solche mehr qualitativen Forschungen erscheinen angezeigt, wenn in der Wissenschaft noch Unklarheit über das Wesen eines Phänomens herrscht oder wenn eine zwiespältige Auffassung desselben besteht. In dieser Lage aber befindet sich die heutige Physik in ihrem wichtigsten Gebiete, der Optik. Denn es gilt hier, das Modell der Lichtwellen mit dem der Lichtquanten zu vereinen. Es kann sich wohl nur um eine Vereinigung der beiden Vorstellungen handeln, da jede in ihrem Anwendungsgebiete sicher begründet erscheint. Nachdem mehr als ein Jahrzehnt vergangen ist, ohne daß sich ein theoretischer Ausgleich der einander scheinbar widersprechenden Bilder vollzogen hat, möchte es scheinen, daß neue Tatsachen, welche einem mit Glück angestellten oder gedeuteten Versuch entspringen, hier die entscheidende Klärung bringen könnten.

Ich hoffe, daß es mir vergönnt sein wird, das Vertrauen, welches Sie durch Ihre Wahl mir entgegengebracht haben, durch wissenschaftliche Forschungsarbeit zu rechtfertigen, und verlasse mich dabei auf das Glück, das dem gewiß nicht fehlen kann, der wagemutig seine Kräfte einsetzt. Daß es am letzteren nicht fehlen soll, kann ich wenigstens versichern.

Erwiderung des Sekretars Hrn. Planck

Mit Ihrem Eintritt, Hr. Kollege Paschen, in unsere Akademie hat sich endlich eine Lücke geschlossen, soweit sie überhaupt geschlossen werden kann, welche wir seit dem Heimgang unseres unvergeßlichen Heinrich Rubens auf das schmerzlichste empfanden. Und ich darf gleich nach meiner vollen Überzeugung hinzufügen, daß unter allen deutschen Physikern es keinen gibt, der mit größerem Recht gerade auf diesen Platz Anspruch erheben dürfte —, den nämlichen Platz, welchen einst August Kundt eingenommen hat, der von Ihnen beiden mit gleicher Anhänglichkeit und Begeisterung gefeierte Lehrer. Aber gewiß nicht allein die Gemeinsamkeit der Schule bestimmte Ihre der Rubensschen nahe verwandte Arbeitsrichtung, die Sie, in edlem Wetteifer mit dem fast genau gleichaltrigen, öfter zur Behandlung ganz ähnlicher Probleme, wenn auch nach verschiedenen Gesichtspunkten und mit verschiedenen Methoden, geführt hat. Reiche Früchte erwuchsen diesem eigenartigen Zusammentreffen, gelegentliche Differenzen wurden stets mit schärfster Sachlichkeit ausgetragen und führten zur weiteren Vertiefung der gewonnenen Einsichten.

Die Spektroskopie haben Sie selber als das Gebiet bezeichnet, das Sie auf die Dauer am meisten gefesselt hat. Hier haben Sie es verstanden, unter anfangs nur bescheidenen Arbeitsverhältnissen mit Ihren Wellenlängen- und Energiemessungen eine Genauigkeit zu erzielen, die an der Grenze des mit den reichsten Hilfsmitteln damals Erreichbaren lag. Was Ihren Arbeiten aber eine besondere bleibende Bedeutung verleiht, ist der Umstand, daß Sie dieselben stets in Beziehung zu setzen wußten zu prinzipiellen Fragen von größerer Tragweite, sei es, daß Sie eine bereits ausgebildete Theorie zu prüfen unternahmen, wie das WIENsche Strahlungsgesetz oder die SOMMERFELDsche Theorie der relativistischen Feinstruktur der Spektrallinien, oder daß Sie auf neue, den Theoretikern ganz unerwartete Phänomene hinführten, wie die Degenerierung des ZEEMAN-Effekts bei Anwendung sehr starker Magnetfelder.

So haben Sie durch Ihre Forschungen unsere Kenntnisse von der Eigenart der spektroskopischen Vorgänge nach vielen Richtungen hin erweitert. Die von Ihnen eingeführte Terminologie ist in der gesamten Fachliteratur des In- und Auslands von maßgebendem Einfluß geworden, und wenn man nach den zur Zeit genauesten Werten für die Elementarquanta der Elektrizität und der Wirkungsgröße fragt, so hat man auf Ihre Messungen zurückzugreifen. Möge es Ihnen vergönnt sein, die in dem stilleren Tübingen erarbeiteten Schätze hier als Leiter der Physikalisch-Technischen Reichsanstalt noch um weitere zu vermehren. Daß die Einrichtungen hierzu Ihnen baldigst nach Ihren Bedürfnissen in ausreichendem Maße zur Verfügung gestellt werden, liegt im dringenden Interesse der physikalischen Wissenschaft und daher auch in dem unserer Akademie.

Ansprache des Sekretars Hrn. PLANCK vom 1. Juli 1926

(Leibniztag)

Alter Sitte gemäß vereinigt sich heute die Preußische Akademie der Wissenschaften mit ihren Freunden, um das Andenken des Mannes zu feiern, der ihr einst die Form gegeben und das Leben eingehaucht hat. Es mag auf den ersten Blick wenig verlockend, ja fast untunlich erscheinen, die Bedeutung des Stifters unserer Akademie alljährlich von einer neuen Seite zu beleuchten; allein die Schwierigkeit dieser Aufgabe findet ein Gegengewicht in der außerordentlichen, ans Wunderbare grenzenden Natur dieses einzigartigen Mannes. Was beim näheren Studium der Persönlichkeit von GOTTFRIED WILHELM LEIBNIZ immer wieder in die Augen fällt und was ihn hoch über alle Zeitgenossen erhebt, ist die Vereinigung der Gabe, sich in die höchsten und feinsten Probleme irgendeines speziellen Wissensgebietes zu vertiefen und es durch tiefgreifende neue Ideen so zu bereichern, wie es nur ein Fachgelehrter ersten Ranges zu tun vermag, mit der entgegengesetzten Fähigkeit, die wirksamen Zusammenhänge zwischen den Einzelwissenschaften in ihren großen Zügen zu erkennen, und mit dem unablässigen Drang, die Synthese der Wissenschaft nach innen und nach außen auf jede ihm möglich erscheinende Weise und mit Anwendung aller ihm zur Verfügung stehenden geistigen und materiellen Mittel in die Tat umzusetzen.

Daher war LEIBNIZ nicht nur ein Gelehrter und ein Forscher, sondern auch ein Organisator von Geburt. Und um seinem höchsten Ideal: der Verbrüderung der gesamten Menschheit unter dem Szepter der Wissenschaft, näherzukommen, dünkte ihm kein Weg zu schwierig, kein Mittel zu kostspielig. Nach allen Richtungen der Windrose wußte er seine Fäden zu spinnen, zu den höchsten Persönlichkeiten, zu Königen und zu Kaisern, und zu den entlegensten Ländern, bis hinaus nach China.

Aber so groß und tiefgreifend sich seine Erfolge auf allen Gebieten der Wissenschaft erwiesen haben, seinen umfassenden Organisationsplänen blieben sie zumeist versagt, und sie mußten es bleiben, nicht durch seine Schuld, sondern durch den inneren Zwang der Dinge. Denn die Geschichte der internationalen Wissenschaft hat immer aufs neue gezeigt, daß die Wissenschaft, ebenso wie die Kunst und wie die Religion, zunächst nur auf nationalem Boden recht gedeihen kann. Erst von hier aus ist ein fruchtbarer Zusammenschluß der Völker zu edlem Wettbewerb möglich.

Gewiß ist jede internationale wissenschaftliche Zusammenarbeit zugleich von wohltätigen politischen Auswirkungen begleitet und insofern auch vom politischen Gesichtspunkt aus wertvoll und begrüßenswert; aber ihre Begründung kann sie nicht in politischen Erwägungen finden, sondern sie muß aus dem sachlich wissenschaftlichen Bedürfnis von innen herauswachsen. Sonst ist das zwischen den Gelehrten der verschiedenen Länder geschlossene Bündnis nicht ganz echt, und die nächste politische Verwicklung kann ihm zum Verhängnis werden. Ein internationales wissenschaftliches Unternehmen wird daher um so sicherer gedeihen, je unabhängiger es gehalten werden kann von dem Einfluß jeweiliger politischer Konstellationen, welche ihrer Natur nach einem gewissen Wechsel unterworfen sind, während eine wissenschaftliche Unternehmung nichts schlechter verträgt als eine Störung ihres planmäßigen geradlinigen Fortganges. Gerade die mannigfachen, zum Teil recht schmerzlichen Erfahrungen, die das letzte Jahrzehnt uns gebracht hat, bestätigen es wiederum mit aller Deutlichkeit, daß der internationale Wissenschaftsbetrieb nur dann auf sicherer Grundlage ruht, wenn er hervorgeht aus dem unmittelbaren, persönlichen, in möglichst wenig Organisationsfessel eingezwängten Verkehr zwischen den einzelnen Fachgenossen oder zwischen den einzelnen wissenschaftlichen Körperschaften der verschiedenen Länder.

Daß derartige Gestaltungen internationaler und doch unpolitischer Natur wirklich möglich sind und daß sie Nützliches leisten können, zeigt das Beispiel der Internationalen Assoziation der Akademien, welche vor dem Weltkriege bestand und welche unter allen zu wirklichem Leben erweckten Gründungen dem von LEIBNIZ erstrebten Ideal wohl am nächsten kommt. Es mag daher einen gewissen Reiz gewähren, bei ihrer Geschichte und ihren Schicksalen einen Augenblick zu verweilen.

Die Internationale Assoziation der Akademien verdankt ihre Entstehung einer Anregung, welche im Juni 1898 von der damals in Göttingen tagenden Sitzung der kartellierten deutschen Akademien ausging und welche in dem Vorschlag gipfelte, »eine Vereinigung der größeren gelehrten Körperschaften zu gründen, mit dem Zweck, wissenschaftliche Unternehmungen, welche von der Gesamtheit der vereinigten Körperschaften oder von einer Gruppe derselben oder von einer einzelnen derselben in Angriff genommen oder empfohlen werden, zu unterstützen und sich über Einrichtungen zur Erleichterung des wissenschaftlichen Verkehrs zu verständigen«.

Im Verlauf der weiteren, zum Teil recht langwierigen Verhandlungen über diesen Gegenstand und nach Überwindung der nicht immer unerheblichen Schwierigkeiten, die sich sowohl innerhalb des Kartells der Deutschen Akademien als auch innerhalb unserer, damals noch nicht dem Kartell angehörigen Akademie geltend machten, übernahm es schließlich die Preußische Akademie, die zunächst in Aussicht genommenen Körperschaften, im ganzen 10 an der Zahl, nämlich außer den 5 deutschen Akademien Berlin, Göttingen, Leipzig, München und Wien die Royal Society in London, die Académie des Sciences in Paris und die Akademien von Petersburg, Rom und Washington, zu einer im Herbst 1899 in Wiesbaden abzuhaltenden konstituierenden Versammlung einzuladen.

Diese Versammlung fand am 9. und 10. Oktober des genannten Jahres statt, unter Beteiligung von Vertretern sämtlicher eingeladenen Akademien, mit Ausnahme der Accademia dei Lincei, welche ausdrücklich ihr Bedauern aussprach, nicht teilnehmen zu können. Die Preußische Akademie hatte als Vertreter die Herren AUWERS, DIELS und VIRCHOW entsandt. Als stimmführende Delegierte fungierten für Berlin Hr. AUWERS, für Göttingen der Zoologe EHLERS, für Leipzig der Indologe WINDISCH, für London der Geophysiker RÜCKER, für München der Geologe VON ZITTEL, für Paris der Mathematiker DARBOUX, für Petersburg der Botaniker FAMINTZIN, für Washington der Astronom NEWCOMB, für Wien der Philologe GOMPERZ. Zum Schriftführer wurde Hr. DYCK aus München bestellt, für die Übersetzung ins Französische sorgte Hr. DARBOUX, für die ins Englische Hr. SCHUSTER.

Nicht ohne ein Gefühl schmerzlichen Bedauerns können wir jener Zeiten des einträchtigen Zusammenarbeitens dieser Männer gedenken, die nun in so weiter Ferne liegen.

Nächst der Formulierung der notwendigsten Satzungen war es einer der ersten Beschlüsse der Versammlung, eine Reihe von weiteren Akademien zum Beitritt in die Assoziation einzuladen, zunächst die Akademien von Amsterdam, Brüssel, Budapest, Kristiania, Kopenhagen, Madrid, Stockholm und die beiden Pariser Akademien des Inscriptions et belles Lettres und des Sciences morales et politiques. Zu diesen kamen später noch hinzu die Akademie in Tokyo, die British Academy in London, die Schweizerische Naturforschende Gesellschaft in Bern, die Royal Society in Edinburgh und die Finnländische Gesellschaft der Wissenschaften in Helsingfors.

Von dem Eifer und der Arbeitsfreudigkeit, mit welchem damals von allen Seiten an die Erfüllung der Aufgaben der Assoziation herangegangen wurde, zeugt ein Blick auf die ersten Pläne zu wissenschaftlichen Unternehmungen, die von seiten der einzelnen Akademien der Assoziation zugingen. So wurden in der Ausschußsitzung, die im August 1900 in Paris stattfand, die folgenden Aufgaben vorgelegt: Von der Royal Society eine Meridianmessung durch Afrika, von der Académie des Sciences eine Vereinbarung über die Kontrollmittel der physiologischen Registrierapparate, von der Preußischen Akademie Vorschläge zur Erleichterung der internationalen Verleihung von Handschriften u. dgl., von der Bayerischen Akademie die Herstellung eines Corpus der griechischen Akten und Diplome des Mittelalters und der späteren Zeit, von der Sächsischen und der Bayerischen Akademie die Ausarbeitung einer Realenzyklopädie des Islam.

Diese Pläne sind in der Folge noch beträchtlich modifiziert und vermehrt worden, zunächst auf der ersten Generalversammlung der Assoziation, die im September 1901 in Paris abgehalten wurde. Die Zahl der wissenschaftlichen Unternehmungen, über welche man dort verhandelte, beläuft sich im ganzen auf nicht weniger als zwanzig. Unter ihnen befand sich auch ein Antrag der Académie des Sciences morales et politiques auf die Veranstaltung einer wissenschaftlich vollständigen Ausgabe der Werke und des Briefwechsels von Leibniz, der sogleich bei der Académie des Sciences sowie auch bei der Berliner Akademie warme Unterstützung fand und in der Folge dazu führte, daß von der Assoziation den drei genannten Akademien die Aufgabe übertragen wurde, das Werk gemeinsam in die Hand zu nehmen und die Arbeit nach bestimmt formulierten Grundsätzen unter sich zu teilen.

Gemäß der Satzungsbestimmung, die Assoziation etwa alle 3 Jahre tagen zu lassen, wurde die nächste Generalversammlung im Mai 1904 abgehalten, und zwar in London. Ihr folgte die dritte Generalversammlung vom Jahre 1907 in Wien, die vierte vom Jahre 1910 in Rom und die fünfte vom Jahre 1913 in Petersburg. Jedesmal wurden die Verhandlungen im Geiste vollendeter internationaler Höflichkeit und gegenseitigen Vertrauens geführt; über ihren Gang und über alle gefaßten Beschlüsse von organisatorischer und von wissenschaftlicher Bedeutung liegen ausführliche gedruckte Aufzeichnungen vor.

Zum Orte der sechsten Generalversammlung wurde Berlin ausersehen, und alle vorbereitenden Schritte waren vollzogen, um im Jahre 1916 diesem damals neu errichteten Hause eine großzügige internationale Weihe zu geben, als sich unversehens der politische Himmel verfinsterte und aus dem schnell und drohend heraufgezogenen Gewölk der Wetterstrahl herniederzuckte, der mit so manchen anderen internationalen Organismen auch das vielversprechende, aber zarte Gebilde der Assoziation mit einem Schlage vernichtete. Zwar ist die Internationale Assoziation der Akademien niemals durch einen formellen Akt aufgehoben worden, und insofern stünde einer sofortigen Wiederaufnahme ihres Betriebs kein Hindernis im Wege. Aber das Entscheidende bei derartigen Krisen sind ja nicht die Bestimmungen irgendeiner Satzung, sondern die Gesinnung, welche die verschiedenen Parteien beseelt, und die Frage, ob die Assoziation, sei es in der alten, sei es in irgendeiner neuen Form, einmal zu neuem Leben erweckt werden kann, liegt zur Zeit noch gänzlich im Dunkel.

Unsere Akademie hat von Beginn des Krieges an mit voller Absicht dafür gesorgt, daß der Weg zu einer Rückkehr in die normalen internationalen Beziehungen, der ja doch schließlich einmal in der einen oder anderen Richtung gefunden werden muß, offen bleibt; sie hat daher insbesondere auch in Fällen, wo es die Umstände einigermaßen nahelegten, davon Abstand genommen, fremde korrespondierende Mitglieder wegen ihres von persönlich feindseliger Gesinnung zeugenden Verhaltens aus ihren Listen zu entfernen. Aber sie hat auf der anderen Seite auch niemals einen Zweifel darüber gelassen, was ja auch im Grunde eine Selbstverständlichkeit ist, daß sie sich an einer Wiederaufnahme der internationalen wissenschaftlichen Zusammenarbeit niemals anders würde beteiligen können als auf der Grundlage der vollständigen Gleichberechtigung der deutschen Gelehrten.

Den unmittelbarsten Beweis aber für das rein sachliche Interesse, welches sie jederzeit den Arbeiten der Assoziation entgegenbrachte, hat die Preußische Akademie geliefert, indem sie sich des durch den Zusammenbruch der Assoziation verwaisten jungen Unternehmens: der LEIBNIZ-Ausgabe, dadurch annahm, daß sie den Beschluß faßte, das begonnene Werk auch ohne die Mitwirkung der beiden Pariser Akademien fortzusetzen und die von diesen Akademien übernommenen Aufgaben in eigener Bearbeitung zu fördern. Durch keinen Schritt konnte sie besser zeigen, daß für sie die sachlichen Forderungen der internationalen wissenschaftlichen Forschung schwerer ins Gewicht fallen als die aus politischer Entfremdung erwachsenen Bedenken und Hindernisse, und durch keine Tatsache kann schlagender erhärtet werden, daß die Internationale Assoziation der Akademien, so kurz ihre Dauer war, dennoch nicht umsonst gelebt hat.

Noch ein anderes wissenschaftliches Unternehmen ist zu nennen, welches der Assoziation seine Entstehung verdankt und ihren Zusammenbruch überdauert hat: das Corpus medicorum graecorum. Unter tatkräftiger Mitwirkung besonders der Dänischen Akademie und verschiedener auswärtiger Gelehrter hat es bereits wertvolle Ergebnisse gezeitigt und wird aller Voraussicht nach zur vollständigen Durchführung gelangen.

Von der LEIBNIZ-Ausgabe der Preußischen Akademie ist bisher der erste Band der ersten Reihe sowie der erste Band der zweiten Reihe, die den philosophischen Briefwechsel enthalten soll, erschienen; eine Anzahl weiterer Bände sind in Vorbereitung. Beide Bände mußten, da das von französischen Mitarbeitern gesammelte Material durch den Krieg für uns unzugänglich geworden war, ausschließlich von deutschen Bearbeitern fertiggestellt werden.

Anders steht es mit dem kritischen Katalog der Handschriften von LEIBNIZ. Von diesem wurde das erste Heft bereits vor dem Kriege, im Jahre 1908, von deutscher Seite veröffentlicht, als gemeinsames Werk der beteiligten Akademien. Nach Beendigung des Krieges, im Jahre 1924, hat die Académie des Sciences morales et politiques ein zweites Heft herausgegeben. In dem Vorwort dazu ist dankenswerterweise der Anteil, den französische und deutsche Gelehrte daran haben, mit aller wünschenswerten Vollständigkeit verzeichnet, ebenso wie das hier beim ersten Heft geschehen war, und es versteht sich von selbst, daß künftig bei der Verwertung des reichen Inhalts der französischen Publikation von den deutschen Herausgebern ebenso verfahren werden wird.

Nicht immer und nicht überall ist bei der Benutzung gemeinsam bearbeiteten Materials die nämliche Loyalität geübt worden. Die Académie des Inscriptions et belles Lettres in Paris hatte es im Jahre 1910 auf Grund einer besonders getroffenen Vereinbarung übernommen, die Inschriften von Delos in unseren Inscriptiones graecae herauszugeben. Zwei Hefte des Unternehmens sind im besten gegenseitigen Einvernehmen und unter tätiger Mitarbeit von Mitgliedern unserer Akademie erschienen. Von einem dritten Heft waren bei Kriegsausbruch 12 Bogen gedruckt oder gesetzt. Wir haben den Satz stehenlassen, in der Hoffnung auf einstige Wiederaufnahme der gemeinsamen Arbeit. Jetzt, vor wenigen Wochen, hat nun die Pariser Akademie ein Heft erscheinen lassen, das nichts als die hier in Berlin unter Mitwirkung unserer Mitglieder gedruckten Inschriften in französischer Beschreibung enthält, und zwar ohne irgendein Wort der Erläuterung; damit ist das gesamte hier befindliche gedruckte Material wertlos gemacht worden.

Dieses Vorgehen entspricht nicht dem Geiste wissenschaftlicher Rücksichten, und es muß, gerade im Interesse der neuerdings wieder einsetzenden auf die Wiederherstellung der früheren Formen des wissenschaftlichen Verkehrs gerichteten Bestrebungen, mit aller Deutlichkeit ausgesprochen werden, daß ein solches Vorkommnis nicht geeignet ist, diesen Bestrebungen Förderung zu bringen; ja, daß dasselbe vielleicht noch verhängnisvoller wirkt als etwa eine gelegentliche temperamentvolle Äußerung eines patriotisch gesinnten Mannes hüben oder drüben, welche zwar leichter in die Öffentlichkeit dringt, aber doch in dem engeren sachlich-wissenschaftlichen Verkehr zwischen den Fachgelehrten keine bleibenden Spuren zurückzulassen braucht.

Doch wir wollen weniger rückwärts, auf Vergangenes, hinter uns Liegendes, als vielmehr vorwärts, in die Zukunft schauen. Unablässige wissenschaftliche Arbeit, vor allem in den Einzelwissenschaften, unbeeinflußt von politischen Absichten, ist das erste und sicherste Mittel, um das Bedürfnis und den Wunsch nach Annäherung der Völker auf wissenschaftlichem Boden zu erwecken und die Forscher aller Länder zusammenzuführen, nicht als eifersüchtige Konkurrenten, sondern als treue Diener einer gemeinsamen heiligen Sache — ein Ziel, welches LEIBNIZ schon vor zwei Jahrhunderten vor Augen sah und welches er in beharrlicher Schaffensfreudigkeit zu verfolgen niemals aufhörte.

Antrittsrede des Hrn. KARL WILLY WAGNER vom 1. Juli 1926

(Leibniztag)

Die Technik der Neuzeit ist ein Kind der Naturwissenschaften. Sie selbst ist nicht nur eine Wissenschaft, sondern in gleichem Maße auch eine Kunst. Ihre Bedeutung innerhalb unserer Kultur hat in der Preußischen Akademie der Wissenschaften ihren Ausdruck gefunden in der 1900 erfolgten Errichtung von drei neuen Stellen für ordentliche Mitglieder, die die Technik vertreten. Schon vorher haben der Akademie Männer der Technik angehört; unter ihnen ragt WERNER SIEMENS' gewaltige Persönlichkeit hervor. In ihr vereinigten sich in seltener Harmonie die beiden Seiten der Technik, das Wissen mit dem Können. Mir ist WERNER SIEMENS von jeher als leuchtendes Vorbild erschienen. Daß mir in jungen Jahren die hohe Ehre zuteil geworden ist, dasselbe Fach in dieser erlesenen Körperschaft zu vertreten, empfinde ich als eine ganz besondere Auszeichnung.

In meiner beruflichen Tätigkeit hatte ich das Glück, frühzeitig meine Kräfte an einer schwierigen Aufgabe messen zu können. Als man um die Jahrhundertwende begann, elektrische Kraft mit hoher Spannung auf größere Entfernungen zu übertragen, wurden diese Anlagen durch unerwartet auftretende elektrische Überspannungen von meistens sehr kurzer Dauer, aber oft beträchtlicher Höhe empfindlich gestört. Im Versuchslaboratorium der Siemens-Schuckert-Werke wurde ich mit der Untersuchung dieser flüchtigen Vorgänge befaßt. Es ergab sich, daß die Überspannungen in der Regel auf elektromagnetischen Ausgleichsvorgängen beruhen, die durch Schaltmaßnahmen oder Funken eingeleitet werden, freie Schwingungen des elektrischen Systems darstellen und sich in Form von elektromagnetischen Wanderwellen über die Leitungen und Kabel ausbreiten. Die Beschäftigung mit diesen Dingen umfaßte u. a. auch Untersuchungen über die Erregung von elektrischen Schwingungen durch den Funken und den Lichtbogen; hierdurch wurde ich mit HERM. TH. SIMON in Göttingen bekannt, der mir vorschlug, diese Arbeiten in seinem Institut fortzuführen. Die Übersiedlung nach Göttingen bot mir zugleich die willkommene Gelegenheit, meine mathematische und physikalische Ausbildung bei den HH. FELIX KLEIN, HILBERT, C. RUNGE, VOIGT, RIECKE, MAX ABRAHAM u. a. zu vervollständigen. Daran schloß sich noch ein Studienjahr an der Berliner Universität; hier waren es besonders die Vorlesungen der HH. PLANCK, NERNST und SCHUR, denen ich viel verdanke.

Mein Eintritt in das Telegraphen-Versuchsamt führte mich zur elektrischen Nachrichtentechnik. Der Reichtum dieses Gebietes an technischen Forschungs- und Entwicklungsaufgaben übte auf mich einen hohen Reiz aus. Aus der Reihe der hier bearbeiteten Probleme will ich nur einige wenige von allgemeinem Interesse nennen. Dem Bestreben, die Reichweite und die Schnelligkeit telephonischer und telegraphischer Nachrichtenübermittlung zu vergrößern, dienten Studien über die Ausbreitung der elektrischen Telegraphier- und Fernsprechströme in Leitungen und Kabeln; hierbei konnte ich an die früheren Arbeiten über Wanderwellen anknüpfen. Die Betrachtung einer Leitung mit diskret verteilter Belastung führte zum Begriff des Kettenleiters und im Verein mit gewissen praktischen Bedürfnissen zur Erfindung der elektrischen Wellensiebe. Mühevoll, aber auch fruchtbar gestalteten sich die Arbeiten über die elektrischen Nachwirkungsvorgänge, insbesondere bei den Frequenzen der Fernsprechströme; verbesserte Meßmethoden von erheblich vergrößerter Genauigkeit führten schließlich zu einer vollständigen Aufklärung dieser Erscheinungen im Sinne der MAXWELLschen Vorstellung und bahnten den Weg zu weiterem Fortschritt in der Fernsprechkabeltechnik.

Einer der bisher dunkelsten Punkte in der Physik und Technik der elektrischen Isolierstoffe ist der Vorgang beim elektrischen Durchschlag. Arbeiten, die ich auf diesem Gebiete in der Physikalisch-Technischen Reichsanstalt begonnen und im Telegraphentechnischen Reichsamt fortgesetzt habe, zeigten gewisse Gesetzmäßigkeiten der Durchschlagserscheinung auf; zu ihrer Erklärung wurde eine Arbeitshypothese aufgestellt, die noch weiterer Prüfung bedarf.

Seit der Beendigung des Krieges ist meine Tätigkeit im wesentlichen dem Wiederaufbau der im Krieg arg heruntergewirtschafteten elektrischen Nachrichtenmittel gewidmet. Als wichtigere Arbeiten nenne ich die Entwicklung der Mehrfachtelephonie und -telegraphie mittels hochfrequenter Ströme auf Leitungen, die nunmehr abgeschlossenen Vorarbeiten für die Wiederherstellung einer unmittelbaren Kabelverbindung Deutschlands mit Nordamerika und alle die Probleme, die der Aufbau des deutschen Fernsprechkabelnetzes und der Funkverbindungen nach Übersee sowie der Rundfunk an den Techniker stellt.

Die Arbeit des Technikers ist auf praktische Zwecke gerichtet, die er mit dem Mindestaufwand an Mitteln, d. h. mit der höchstmöglichen Wirtschaftlichkeit, zu verwirklichen strebt. Die Grundlage technischer Arbeit bilden die Erkenntnisse der Wissenschaft; je vollständiger solche im gegebenen Falle zu Gebote stehen, um so schneller und vollkommener wird das Ziel erreicht. Häufig waren es Fragestellungen der Technik, aus denen neue Probleme für die reine Wissenschaft erwachsen sind. Auf der andern Seite schafft die Technik der Wissenschaft neue verfeinerte Forschungsmittel. Darüber hinaus übt die Technik auch unmittelbar einen tiefgreifenden Einfluß auf die Entwicklung des Menschengeistes aus, indem sie die Grenzen seines Betätigungsfeldes beständig erweitert und dem kühnen Flug der Phantasie neue Fernen eröffnet.

Die Stellung der Technik im Geistesleben und im besonderen die Notwendigkeit enger Zusammenarbeit der Technik mit der reinen Wissenschaft teilt dem Techniker einen Kreis von Pflichten zu, die er im Rahmen unserer Akademie zu übernehmen hat, und die getreulich zu erfüllen ich mir stets zur Ehre anrechnen werde.

Antrittsrede des Hrn. Joh. Stumpf vom 1. Juli 1926
(Leibniztag)

Die Akademie hat mir durch die Aufnahme in ihren Kreis von hochangesehenen Gelehrten eine Ehrung erwiesen, für welche ich meinen tiefempfundenen Dank ausspreche. Diese Ehrung möchte ich weniger auf mich als auf die von mir vertretene wissenschaftliche Maschinentechnik beziehen.

Hr. Prof. Riedler hat mir während meines Studiums an der Technischen Hochschule zu Aachen die Richtung gegeben. Diese Richtung ging nach der konstruktiv-wissenschaftlichen Seite des Großmaschinenbaus (Dampfmaschinen, Pumpen, Kompressoren und Gebläse). Hr. Prof. Riedler faszinierte mich durch seine Persönlichkeit und die Art des Stoffes und des Vortrages, so daß ich gern seiner Aufforderung folgte, als Assistent mit ihm im Jahre 1888 an die Technische Hochschule Berlin zu gehen. Hier löste die Ära Riedler die Ära Reuleaux ab. Die Konstruktion und wissenschaftliche Untersuchungen von Wasserwerksanlagen, unterirdischen Wasserhaltungen, Senkpumpen, Kompressoren und Gebläsen bildeten in Verbindung mit den

Arbeiten des Hrn. Prof. Riedler mein Hauptbetätigungsfeld. Im Jahre 1892 schickte Hr. Prof. Riedler mich zur Konstruktion einer unterirdischen Wasserhaltungsanlage nach Chicago. Im Jahre 1893 siedelte ich definitiv nach Chicago über, wo ich bis Ende 1896 als Oberingenieur tätig war. Wieder war die Konstruktion und die wissenschaftliche Untersuchung von Dampfmaschinen, Pumpen, Kompressoren, Gebläsen und Kondensationsanlagen mein Betätigungsfeld. 1896 wurde ich als ordentlicher Professor an die Technische Hochschule Berlin berufen. Mein Unterrichts- und Forschungsgebiet war zuerst der Dampfmaschinenbau, später auch der Dampfturbinen- und Arbeitsmaschinenbau. Zusammen mit Hrn. Prof. Riedler führte ich die Konstruktion und wissenschaftliche Durchforschung von vielen Dampfmaschinen, Dampfturbinen, Pumpen, Kompressoren, Gebläsen und Kondensationsanlagen durch. Eine neue Dampfturbine, welche unter dem Namen Riedler-Stumpf-Turbine namentlich in die amerikanische Industrie eingeführt wurde, ferner Zentrifugal-Kondensationspumpen und hydraulische Bremsen wurden entwickelt und wissenschaftlich untersucht. Später kam die Entwicklung einer neuen Dampfmaschine hinzu, welche als Stumpfsche Gleichstrom-Dampfmaschine in die Praxis eingeführt wurde. Diese eine neue wichtige Entwicklungsperiode des Dampfmaschinenbaus eröffnende Maschine wurde nun ausgebildet als Betriebsdampfmaschine, als Lokomotive, als Lokomobile, als Schiffsmaschine und als Antriebsmaschine für alle Arten von Arbeitsmaschinen. Zuletzt kam die Ausnutzung des Verlustzipfels am Ende der Expansion von Kolbenmaschinen hinzu mit dem Ziel, die hiermit verlorengehende Energie auszunutzen zur Schaffung eines mechanischen Vakuums. 2 Lokomotiven mit einem auf diese Weise verwirklichten mechanischen Vakuum von $^1/_2$ Atm. wurden für Rußland gebaut, welche dort zur Zeit einer wissenschaftlichen Untersuchung unterworfen werden. Die Übertragung dieser Grundgedanken auf Verbrennungsmaschinen ist in Angriff genommen und wird die Arbeit der nächsten Zukunft sein.

Eine weitere Zukunftsarbeit liegt in der Einführung des Tellerventils in den Dampfmaschinenbau mit der Aussicht auf eine weitere Verminderung des Dampfverbrauchs. Eine in Betrieb befindliche Ausführung hat das bestätigt, weshalb die weitere Einführung mit großer Wahrscheinlichkeit erwartet werden darf.

Die Übertragung der Verbundwirkung auf Gleichstromdampfmaschinen für hohe Dampfdrucke (50—100 Atm.) ist in Arbeit genommen. Eine neue 4zylindrige Woolf-Verbund-Gleichstrom-Schiffsmaschine für hohe Dampfdrucke ist durchkonstruiert und befindet sich auf dem Weg der Einführung.

Erwiderung des Sekretars Hrn. Planck

Ihnen beiden, Hr. Wagner und Hr. Stumpf, gemeinsam gilt der Willkommgruß, den ich heute namens der Akademie an Sie richten darf. Eine besondere Bedeutung gibt Ihrem Eintritt in die Akademie der erfreuliche Umstand, daß durch ihn die Dreizahl der vorzugsweise für Vertreter der Technik bestimmten Fachstellen unserer Akademie seit längerer Zeit wieder einmal voll besetzt ist; wir dürfen ihn als Symbol betrachten für das volle Interesse, welches die Akademie den Beziehungen der reinen Wissenschaft zur Technik entgegenbringt.

Daß in unserm gegenwärtigen Kulturkreis Naturwissenschaft und Technik ein untrennbares Ganzes bilden, daß die eine ohne die andere auf die Dauer nicht richtig gedeihen kann, ist unserem Volke niemals so eindringlich zum Bewußtsein gekommen wie in den Zeiten der Not, die es im letzten Jahrzehnt durchgemacht hat; und wie gerade aus diesem festen Zusammenschluß für jeden der beiden Teile Hilfe und Förderung hervorgegangen ist, so steht mit Sicherheit zu erwarten, daß auch in Zukunft die wechselseitigen Beziehungen sich nicht lockern, sondern immer enger gestalten werden.

Sie, Hr. WAGNER, begrüßen wir als einen würdigen Nachfolger Ihrer akademischen Vorgänger, unserer unvergeßlichen Mitglieder WERNER VON SIEMENS und FRIEDRICH VON HEFNER-ALTENECK, den ersten Meistern der damals noch jugendlichen, aber in ungestümer Entwicklung vorwärtsstrebenden Elektrotechnik. Durch Ihre Arbeiten über Wechselströme, über Kabeltelegraphie, über die eigentümlichen Eigenschaften der Dielektrika und besonders durch Ihre Konstruktion der elektrischen Kettenleiter und der Wellensiebe, welche es gestatten, aus irgendeiner fortschreitenden Welle bestimmte Frequenzbereiche nach Belieben herauszuschälen und dem prüfenden Ohr einzeln vorzuführen, haben Sie die Leistungsfähigkeit der Methoden der elektrischen Fernübertragung in einem Maße gefördert, das Ihnen schon jetzt einen Ehrenplatz unter den Vertretern der Elektrotechnik sichert.

Mit Ihnen, Hr. STUMPF, zieht zum ersten Male die Maschinentechnik in unsere Hallen ein und gelangt damit auf den ihr schon seit langem gebührenden Sitz. Dem universellen Charakter Ihres Faches gemäß haben Sie Ihre Sporen im Ausland erworben, nicht ohne dort greifbare und dauernde Spuren Ihres Wirkens zurückzulassen. Zahlreich sind die Verbesserungen, welche der Maschinenbau Ihrem Ideenreichtum und Ihrem Fleiß verdankt. Davon zeugen Ihre Konstruktionen auf den Gebieten der raschlaufenden Pumpen, der Kompressoren, der Gebläse, der Wasserwerksanlagen, der Dampfturbinen, der Kondensatoren, der Bremsen, und vor allem Ihre Erfindung der Gleichstromdampfmaschine, die sich in der Folge vorzüglich bewährt hat und in allen Ländern eingeführt worden ist. Von Ihrem regsamen und tatkräftigen Lehrer ALOIS RIEDLER wieder hierher nach Berlin gezogen, wirken Sie jetzt als sein Nachfolger an unserer technischen Hochschule, und wir hoffen zuversichtlich, daß Sie uns fortan Ihre Mitarbeit widmen und bei gegebenem Anlaß mit Ihrem fachmännischen Urteil zur Seite stehen werden.

Antrittsrede des Hrn. v. Ficker vom 30. Juni 1927
(Leibniztag)

Wenn ich heute den Dank für die Auszeichnung ausspreche, die mir durch die Wahl in die Akademie der Wissenschaften zuteil geworden ist, so darf ich dabei die Besorgnis nicht verhehlen, ich möchte neben den Männern, die bisher im Rahmen der Akademie die Meteorologie vertreten haben und noch vertreten, nicht als gleichwert befunden werden. Ihnen wenigstens in dem Streben, mit allen Kräften an der Entwicklung unseres Forschungsgebietes weiter zu arbeiten, gleich zu sein, empfinde ich als vornehmste Pflicht.

Mein Vorgänger im Lehramte und in der Leitung des Preuß. Meteorologischen Instituts hat bei seiner Aufnahme in die Akademie darauf hingewiesen, daß seine Wahl zum Mitgliede gewissermaßen die Anerkennung der Meteorologie als einer selbständig gewordenen Wissenschaft bedeute, da Dove und Bezold trotz ihrer großen Bedeutung für die Entwicklung der Meteorologie sich doch immer als Physiker gefühlt hätten. Seit jener Antrittsrede Hrn. Hellmanns sind 15 Jahre verflossen, und während dieses Zeitraumes hat sich einerseits der Umfang meteorologischen Wissens stark vergrößert, anderseits aber auch die Einstellung der Öffentlichkeit gegenüber der Meteorologie stark gewandelt. Als Wissenschaft müßte natürlich die Meteorologie auch dann betrieben werden, wenn ihren Ergebnissen noch keine praktische Bedeutung zukommen würde. Es hat aber gerade die Mitwirkung der Meteorologen im Kriege den Beweis geliefert, wie groß der Nutzen der Meteorologie in praktischer Beziehung ist. Wenn heute in vielen Ländern der Erde für den meteorologischen Dienst weitaus größere Mittel zur Verfügung gestellt werden als vor dem Kriege, so ist das vielfach der wichtigen Rolle zuzuschreiben, die im Gaskriege, im Luftkriege, im Kampfe der schweren Geschütze den Meteorologen zugefallen ist und die dazu geführt hat, daß z. B. in Frankreich der meteorologische Dienst nach dem Kriege unter militärische Aufsicht und Leitung gestellt worden ist. Aus naheliegenden Gründen wäre im Deutschen Reiche eine Weiterentwicklung der Meteorologie unter praktisch-militärischen Gesichtspunkten nicht möglich gewesen. Wenn trotzdem auch bei uns der meteorologische Dienst, von dem die wissenschaftlich-meteorologische Forschung nicht getrennt werden kann, ausgedehnter und intensiver geworden ist, so hängt das wesentlich mit der Entwicklung des Luftverkehrswesens zusammen, für das die meteorologische Beratung unerläßlich ist. Glücklicherweise ist die Meteorologie infolge großer Fortschritte in der wissenschaftlichen Erkenntnis atmosphärischer Zusammenhänge heute imstande, den neuen und wichtigen Aufgaben besser gerecht zu werden, als es noch vor zwei Dezennien möglich gewesen wäre. Ich erinnere in dieser Beziehung an den großen Fortschritt, den V. Bjerknes — ebenfalls unter dem Zwange der durch den Krieg geschädigten Ernährungslage Norwegens — durch die Aufstellung der Polarfronttheorie für die praktische und theoretische Meteorologie erreicht hat.

Daß neben einer skandinavischen Meteorologenschule, deren Führer ich eben nannte, schon vorher sich Österreich zu einem Zentralpunkte meteorologischer Forschung entwickelt hatte, hat seine Ursache vornehmlich darin, daß in Österreich seit langen Jahren an jeder Universität eine Lehrkanzel für Meteorologie vorhanden gewesen ist. Noch heute hat ja das zum Kleinstaat gewordene Österreich mehr planmäßige Professuren für Meteorologie und Geophysik als das große Deutsche Reich. Diese österreichische Schule hat als ihr Haupt stets Julius Hann verehrt, wenn auch nur wenige der jüngeren Meteorologen unmittelbare Schüler Hanns gewesen sind, sondern Lehrlinge seines Schülers Trabert. Weniger eigene Neigung als Traberts unvergleichliches Lehrtalent haben auch mich zur Meteorologie geführt. Bekanntlich gibt es in der Meteorologie zwei verschiedene Arbeitsrichtungen: während ein Meteorologe sich den Geographen verwandt fühlt und statistisch-klimatologische Arbeitsmethoden bevorzugt, fühlt sich ein anderer durchaus als Physiker und schätzt alles gering, was nicht reinlich durch Differentialgleichungen dargestellt werden kann. Vor solcher Einseitigkeit bewahrten uns HANN und TRABERT, und so liegen auch meine eigenen Arbeiten teils auf dem Gebiete der atmosphärischen Dynamik, teils auf dem der Klimatologie. Aufgewachsen in den Alpen und beruflich lange an alpenländische Universitäten gebunden, hatte ich besondere Neigung für Probleme der alpinen Meteorologie. Meine ersten Untersuchungen beschäftigten sich mit dem Mechanismus der Föhnerscheinungen, den ich später auch durch zahlreiche Ballonaufstiege zu ergründen suchte. An eine Klarlegung der klimatologischen Verhältnisse meines Heimatlandes Tirol schlossen sich Untersuchungen über die meteorologischen Verhältnisse Innerasiens, namentlich der Pamirgebiete, die ich, ebenso wie die Hochgebirgsgebiete des Kaukasus, auch durch persönliche Bereisung kennengelernt habe. Eine Untersuchung über den Transport von Kaltluftmassen über die Alpen führte mich zu weitläufigen Arbeiten über die Ausbreitung kalter und warmer Luftmassen in Nordasien, und bereits vor dem Kriege konnte ich Ergebnisse ableiten, die in Verbindung mit den Anschauungen von M. MARGULES und F. EXNER das wesentliche Gerüst der später von V. BJERKNES formulierten Polarfronttheorie darstellen. Während ich als Kriegsgefangener jahrelang in Rußland weilte und durch die Vermittlung Seiner Kgl. Hoheit des Prinzen KARL von Schweden gleich anderen gefangenen Hochschullehrern die Möglichkeit erhielt, mich an der Universität Kasan zu beschäftigen, sammelte ich das Material für spätere Arbeiten, deren Ergebnisse, wie ich glaube, eine wesentliche Modifikation der Polarfronttheorie und unserer Anschauungen über den Aufbau und die Entwicklung barometrischer Tief- und Hochdruckgebiete darstellen. Obwohl seit Aufnahme meiner Tätigkeit in Berlin die Leitung des Meteorologischen Institutes die für Forschungsarbeiten verfügbare Zeit stark einschränkt, gebe ich mich doch der Hoffnung hin, auch noch in Zukunft an der Weiterentwicklung des zuletzt erwähnten Problemkomplexes mitarbeiten zu können.

Erwiderung des Sekretars Hrn. Planck

Hochgeehrter Herr Kollege!

Indem ich Sie heute namens der Akademie als neugewonnenes Mitglied in diesem festlichen Kreise herzlich begrüße, darf ich zu meiner Freude hervorheben, daß Ihr Eintritt von der Akademie mit besonderer Genugtuung empfunden wird. Denn gerade weil, wie Sie schon erwähnt haben, die Vertretung der Meteorologie an unseren Hochschulen im Vergleich zu der Bedeutung, die diese Wissenschaft in neuerer Zeit erlangt hat, eine verhältnismäßig spärliche ist, legt die Akademie doppelten Wert darauf, in dieser Beziehung mit der Steigerung der Bedürfnisse der Praxis möglichst Schritt zu halten und anderen Instituten in dieser Richtung voranzugehen.

Zwar hat unsere Akademie von jeher an dem Standpunkt festgehalten, daß die auf die reine Erkenntnis gerichtete Forschung ihre Begründung und ihren Lohn in sich selber findet, und daß der Rang einer Wissenschaft nicht nach der Zahl der praktischen Aufgaben bemessen werden darf, die sie jeweils zu lösen versteht. Aber sie hat sich auch auf der anderen Seite niemals der Wahrheit verschlossen, daß eine jede Wissenschaft im Grunde dem Leben dient, und daß sie eintrocknen und verkümmern müßte, wenn sie nicht von dieser Seite immer wieder neues Blut und neue Impulse zugeführt erhielte. Man darf in diesem Zusammenhange wohl ohne Übertreibung sagen, daß unter allen Naturwissenschaften die Meteorologie diejenige ist, deren Bedeutung sich dem menschlichen Leben tagtäglich am unmittelbarsten aufdrängt, und deren letzte Ziele auch dem naivsten Laienverstande einleuchten müssen. Ein hübscher

Zufall hat es gefügt, daß das volkstümliche Wort »Meteor« im Verlauf unserer heutigen Sitzung noch einmal, zwar in ganz anderem, aber doch in einigermaßen verwandtem Zusammenhang an unser Ohr klingen wird.

Im schroffen Gegensatz zu dieser Popularität stehen die unermeßlichen Schwierigkeiten, mit denen der wissenschaftliche Meteorologe zu kämpfen hat, um die Probleme, deren Lösung man von ihm erwartet, auch nur um ein weniges weiter zu fördern. Kein Wunder, daß mancher Forscher dadurch gelegentlich zu einer bewußt resignierten Einstellung getrieben wurde. Noch vor einem Menschenalter hat unser Meteorologe WILHELM VON BEZOLD die Forderung einer streng physikalischen Ableitung der Wetterprognose als eine unbillige Zumutung nachdrücklich abgelehnt. Erst als zu der ursprünglichen Methode der rein statistischen Registrierung sich eine auf dynamische Prinzipien fußende Betrachtungsweise gesellte, wurde ein entscheidender Fortschritt spürbar, und wenn auch das von V. BJERKNES kühn ins Auge gefaßte Ziel der vollständigen Integration aller maßgebenden Differentialgleichungen einstweilen sich noch als zu hoch gesteckt erwies, so darf doch die von diesem Forscher aufgestellte Polarfronttheorie als ein wichtiger Schritt auf dem eingeschlagenen Wege bewertet werden.

Da ist es von doppelter Bedeutung, daß Sie, Hr. VON FICKER, durch Ihre Arbeit in diese Entwicklung der Dinge entscheidend mit eingegriffen haben, zuerst durch Ihre Untersuchungen über die Dynamik der Föhnerscheinungen in den Alpen. In Ihren bald darauf folgenden Studien, betreffend den Transport kalter Luftmassen über die Zentralalpen, zeigten Sie wohl zum erstenmal die Bedeutung der Diskontinuitätsflächen für den Aufbau der Depressionen, und in den Ergebnissen Ihrer späteren umfangreichen Untersuchungen über Kälte- und Wärmewellen in Rußland und Nordasien ist bereits ein großer Teil der BJERKNESschen Polarfronttheorie enthalten. Auf der andern Seite konnten Sie aber auch schon einen verbesserungsbedürftigen Punkt jener Theorie feststellen durch den Nachweis, daß für die Entwicklung der Depressionen die Vorgänge in sehr großen Höhen der Atmosphäre tatsächlich eine weitaus größere Bedeutung besitzen, als nach der Polarfronttheorie ursprünglich angenommen wurde.

In allen diesen Leistungen erblickt die Akademie die Gewähr für einen fruchtbaren Ertrag Ihrer ferneren Lebensarbeit, und sie wußte daher, als es sich um die Wahl des Nachfolgers von Gustav Hellmann handelte, keinen Würdigeren als Sie zu finden, um dessen Werk hier in Berlin fortzusetzen.

Aber es kommt bei Ihnen noch ein anderes hinzu. Ihr starkes, in den verschiedensten Lebenslagen betätigtes Interesse für die Wissenschaft ist nur ein Ausfluß einer tiefer in Ihnen ruhenden Anlage: einer unbegrenzten, nach Auswirkung verlangenden Liebe zur Natur, in welcher Form und wo immer sie Ihnen entgegentreten möge, sei es in den Alpen Ihrer süddeutschen Heimat, sei es auf hoher See oder in den wilden Steppen Turkestans. Mit dem scharfen, durch Formelkram unbeirrbaren, bei allen Dingen auf den Grund spähenden Blick des Forschers verbinden Sie das feine, für jegliche Schönheit der umgebenden Wirklichkeit empfängliche Auge des Künstlers und verarbeiten Ihre reichen, in Erlebnissen mannigfacher Art gesammelten Erfahrungen mit gesundem Urteil zum erfolgreichen praktischen Handeln. Dafür gibt es keinen schöneren Beweis als den Umstand, daß Sie sogar während der harten Monate Ihrer Kriegsgefangenschaft in Kasan die Gelegenheit ausfindig machen konnten, für Ihre Wissenschaft und damit auch für Ihr fernes Vaterland nützliche Arbeit zu leisten.

Auch jetzt haben Sie wieder Ihre Kenntnisse russischer Verhältnisse verwertet, um die Pläne für die neuerdings in Aussicht genommene Pamirexpedition auszuarbeiten, in welcher deutsche und russische Gelehrte mit vereinten Kräften zusammenwirken sollen. Sie wissen, daß die Akademie auch auf diese Art Ihrer Tätigkeit Wert legt, da sie gern das ihre dazu beiträgt, um die durch die Kriegszeiten unterbrochene internationale wissenschaftliche Zusammenarbeit allmählich wieder in Gang zu bringen. So dürfen wir mit voller Zuversicht den weiteren Proben Ihrer frischen Kraft entgegensehen und auf Ihre bereitwillige und erfolgreiche Mitarbeit an den Aufgaben Ihres Interessengebietes rechnen.

Antrittsrede des Hrn. Schrödinger vom 4. Juli 1929
(Leibniztag)

Wenn ich heute den aufrichtig gefühlten Dank ausspreche für die Auszeichnung, die mir durch die Wahl in die Akademie der Wissenschaften zuteil geworden ist, so ist es mir eine ganz besondere Freude, an unserer Spitze in voller Frische und Rüstigkeit den allverehrten Meister zu sehen, dessen Nachfolger im Lehramte zu sein ich mich rühmen darf und dessen Urteil auch Ihre Wahl entscheidend beeinflußt haben wird.

Lassen Sie mich zuerst so kurz wie möglich der unangenehmen Pflicht genügen, die eine akademische Antrittsrede auflegt, nämlich von sich selbst zu sprechen. — Das alte Wiener Institut, dem Ludwig Boltzmann erst kurz zuvor auf tragische Weise entrissen worden war, das Haus, wo Fritz Hasenöhrl und Franz Exner wirkten und viele andere von Boltzmanns Schülern aus und ein gingen, vermittelte mir ein unmittelbares Einfühlen in die Ideen dieses gewaltigen Geistes. Sein Ideenkreis spielt für mich die Rolle der wissenschaftlichen Jugendgeliebten, kein anderer hat mich wieder so gepackt, keiner wird es wohl jemals tun. Der modernen Atomtheorie kam ich nur sehr langsam näher. Ihre inneren Widersprüche klangen wie kreischende Dissonanzen an der reinen, unerbittlich klaren Gedankenfolge Boltzmanns gemessen. Eine Zeitlang ergriff ich förmlich die Flucht und rettete mich, angeregt durch Franz Exner und K. W. F. Kohlrausch, ins Gebiet der Farbenlehre. Mancher eigene und mancher fremde Versuch, in der Atomtheorie durch radikalste Abänderung wenigstens wieder zur Klarheit zu kommen, wurde geprüft und verworfen. Erst de Broglies Gedanke der Elektronenwellen, den ich zur undulatorischen Mechanik ausbaute, gewährte eine gewisse Erleichterung. Aber wir sind noch ziemlich weit entfernt von einem wirklichen Begreifen des durch die Undulationsmechanik einerseits, durch Heisenbergs Quantenmechanik anderseits angebahnten Naturverständnisses.

Die theoretische Physik setzt sich zum Ziel, aus der empirischen Mannigfaltigkeit der Erscheinungen allgemeine Züge oder Gesetzmäßigkeiten herauszulesen, derart, daß in der bunten Fülle des wirklich Erlebten jeder Einzelfall als Ausfluß dieser wenigen einfachen Gesetzmäßigkeiten erscheint, während die anfangs unüberblickbare Mannigfaltigkeit von Einzelfällen auf die völlig überblickbare Mannigfaltigkeit der Versuchsbedingungen zurückgeführt wird. Das typische, für die Gestaltung unserer Wissenschaft richtunggebende Beispiel einer solchen Erfassung des Geschehens durch Gesetze bildet die klassische Mechanik, welche das Verhalten eines Gebildes unter allen erdenklichen Umständen in wenige Grundgleichungen zusammenfaßt und das spezielle Verhalten im speziellen Fall auf die speziellen Anfangsbedingungen zurückführt, mathematisch gesprochen auf die speziellen Zahlenwerte der Integrationskonstanten.

Man hat lange Zeit hindurch versucht, nicht nur die Methode der klassischen Mechanik, sondern sie selbst auf die ganze Physik auszudehnen, wohl um ihrer Einfachheit und mathematischen Durchsichtigkeit willen; man hat versucht, alle Erscheinungen durch mechanische Modelle zu begreifen. Davon ist man längst zurückgekommen und heute um so mehr, da die neueste Phase der Quantentheorie die klassische Mechanik auf den Rang einer ersten Näherung herabdrückt. Eine der brennendsten Fragen, die uns in diesem Zusammenhang heute beschäftigen, ist die, ob mit der klassischen Mechanik auch ihre Methode aufzugeben sei, der Grundsatz, daß feste Gesetze im Verein mit den zufälligen Anfangsbedingungen das Geschehen im Einzelfall eindeutig bestimmen. Es ist die Frage nach der Zweckmäßigkeit des unverbrüchlichen Postulates der Kausalität.

Praktisch hatte man auf die Kausalität allerdings schon im Rahmen der klassisch-mechanischen Naturerklärung verzichten müssen. Mir persönlich ist diese Tatsache mit einem tiefen Jugendeindruck bei der Antrittsvorlesung FRITZ HASENÖHRLS verknüpft, des allzufrüh durch den Krieg uns Entrissenen, dem ich die Grundlage meiner wissenschaftlichen Persönlichkeit danke.

Es würde, so erklärte uns HASENÖHRL, nicht gegen die Naturgesetze verstoßen, wenn dieses Stück Holz sich plötzlich ohne erkennbaren Grund in die Luft erhöbe. Nach der mechanischen Naturerklärung ist ein solches Wunder als Umkehrung des entgegengesetzten Vorganges nicht unmöglich, es ist nur außerordentlich unwahrscheinlich. — Aber die Wahrscheinlichkeitsauffassung der Naturgesetze, die HASENÖHRL bei diesen Worten im Auge hatte, verstößt noch nicht wirklich gegen das Kausalitätspostulat. Die Unbestimmtheit entspringt dabei nur aus der praktischen Unmöglichkeit, den Anfangszustand eines aus Billionen von Atomen zusammengesetzten Körpers genau festzustellen. Heute dagegen werden Zweifel an der eindeutigen Bestimmtheit des Naturgeschehens in ganz anderem Sinne laut. Die Schwierigkeit bei der Feststellung des Anfangszustandes soll nicht nur eine praktische, sondern eine prinzipielle sein, sie soll nicht nur für ein kompliziertes Gebilde, sondern schon für das einzelne Atom oder Molekül vorliegen. Da das prinzipiell nicht Beobachtbare für den Naturforscher als Naturforscher nicht existiert, ist der Sinn dieser Meinung: schon der Zustand des Elementargebildes liegt nicht in solcher Weise fest, daß eine ganz bestimmte Einwirkung ein ganz bestimmtes Verhalten des Gebildes nach sich zieht.

FRANZ EXNER (dem ich für ungewöhnlich große Förderung persönlichen Dank schulde) war der erste, der die Möglichkeit und die Vorzüge akausaler Naturauffassung in den Vorlesungen erörterte, die er 1919 publiziert hat. Seit 1926 ist die Frage durch die Quantentheorie unter neuem Gesichtspunkt aufgerollt. Sie scheint in der Tat von grundlegender Wichtigkeit. Aber ich glaube nicht, daß sie in dieser Form jemals beantwortet werden wird. Es handelt sich bei dieser Frage meines Erachtens nicht um eine Entscheidung über die wirkliche Beschaffenheit der Natur, wie sie uns entgegentritt, sondern über die Zweckmäßigkeit und Bequemlichkeit der einen oder der anderen Einstellung unseres Denkens, womit wir der Natur gegenübertreten. HENRI POINCARÉ hat ausgeführt, daß wir auf den wirklichen Raum ebensowohl die Euklidische wie eine beliebige nicht-Euklidische Geometrie anwenden dürfen, ohne eine Widerlegung durch Tatsachen befürchten zu müssen. Aber die physikalischen Gesetze, die wir finden, sind Funktion der Geometrie, die wir anwenden, und es kann sein, daß die eine Geometrie verwickelte, die andere weit einfachere physikalische Gesetze herbeiführt. Dann ist die eine Geometrie bequem, die andere unbequem, ohne daß doch die Worte »richtig« oder »falsch« am Platze wären. Ähnlich dürfte es sich mit dem Postulat der unverbrüchlichen Kausalität verhalten. Es sind wohl kaum Erfahrungstatsachen denkbar, welche endgültig darüber entscheiden, ob das Naturgeschehen in Wirklichkeit absolut determiniert oder partiell unbestimmt ist, sondern höchstens darüber, ob die eine oder die andere Auffassung einen einfacheren Überblick über das Beobachtete erlaubt. Selbst bis zu dieser Entscheidung ist wohl noch eine lange Frist. Sind wir doch auch hinsichtlich der Geometrie der Welt nur um so unsicherer, seitdem wir uns mit POINCARÉ unserer Wahlfreiheit bewußt geworden sind.

Erwiderung des Sekretars Hrn. PLANCK

Die Aufgabe, Ihnen, Herr Kollege SCHRÖDINGER, auf Ihre an die Akademie gerichteten Worte eine Erwiderung zu widmen, besitzt für mich einen mehrfachen Reiz, zunächst schon deshalb, weil ich zu denjenigen Ihrer Fachgenossen gehöre, die aus nächster Nähe beurteilen können, welche Bereicherung der Bestand der Akademie durch die Gewinnung Ihrer jugendlichen Kraft erfahren hat. Sodann aber muß gerade die dankenswerte Selbstüberwindung, welche Sie aufgebracht haben, um uns einen etwas tieferen Einblick in Ihre wissenschaftliche Gedankenwelt tun zu lassen, zu einem Meinungsaustausch über manche der von Ihnen angeregten Fragen einladen. Sie haben uns dabei wieder dieselbe Unabhängigkeit des Urteils und denselben frischen Wagemut offenbart, der Sie schon früh eigene Wege gehen hieß und den wir von Ihren bisherigen Arbeiten auf den allerverschiedensten Gebieten der Physik her kennen, mochten Sie nun die Dynamik elastisch gekoppelter Punktsysteme oder die Theorie der BROWNschen Bewegung, oder den Kapillardruck in Gasblasen, oder die Akustik der Atmosphäre, oder die Möglichkeit einer exakten Farbenmetrik, oder die Interferenzfähigkeit stark divergierender Strahlen, oder die Gesetze der Gasentartung, oder die Grundlagen der Quantenmechanik in den Kreis Ihrer Interessen ziehen.

Heute ist es namentlich der von Ihnen angedeutete folgenschwere Gedanke, ob nicht die gegenwärtige Krisis der theoretischen Physik vielleicht auch dazu führen könnte, zugleich mit der klassischen Theorie auch das Kausalitätsgesetz seiner strengen Gültigkeit zu entkleiden, der zu einer näheren Erörterung auffordert. Und da Sie dem besagten Gedanken nicht nur nicht ablehnend, sondern eher, wie mir scheint, mit einer gewissen wohlwollenden Neutralität gegenüberstehen, so kann ich doch der Verlockung nicht widerstehen, hier einmal meinerseits mit einigen Worten für die streng kausale Physik eine Lanze einzulegen, selbst auf die Gefahr hin, daß ich Ihnen als ein engherziger Reaktionär erscheine. Dazu treibt es mich um so mehr, als wir es ja hier mit einer Angelegenheit zu tun haben, die nicht allein die Physik angeht und die, wenn sie nicht von der Physik befriedigend erledigt wird, sich weit über deren Grenzen hinaus vielleicht recht verhängnisvoll auswirken könnte.

Die Frage, ob die Gesetzmäßigkeiten, auf die wir in der Natur stoßen, im Grunde sämtlich nur Zufallscharakter besitzen, also statistischer Art sind, läßt sich auch folgendermaßen formulieren: sollen wir die Erklärung für die tatsächlich allenthalben auftretende Unsicherheit und Ungenauigkeit, die jeder einzelnen physikalischen Beobachtung anhaftet, stets nur in speziellen Eigentümlichkeiten des jeweils vorliegenden Falles suchen, sei es in der komplizierten Beschaffenheit des betrachteten physikalischen Objektes, sei es in der Unvollkommenheit der benutzten Meßgeräte einschließlich unserer Sinnesorgane, oder sollen wir die Unsicherheit weiter rückwärts verlegen in die Fassung der elementaren Grundgesetze der Physik?

Zunächst stimme ich Ihnen darin völlig bei, daß diese Frage im Grunde eine Frage der Zweckmäßigkeit ist. Denn eine jede physikalische Theorie ist ein Gerüst, das sich der Geist des Forschers nach freiem Ermessen, so gut er es eben vermag, zurechtzimmert, und wenn dasselbe seinen Zweck, ein möglichst getreues Abbild der Natur vorzustellen, auch noch so gut erfüllt, so wird man doch niemals beweisen können, daß es keiner Verbesserung fähig wäre.

Aber das Gerüst bedarf auf jeden Fall eines festen Grundes, wenn es nicht in der Luft stehen soll, und wenn das Postulat der unverbrüchlichen Kausalität sich nicht mehr wie bisher als Grundlage eignen sollte, so liegt doch zunächst einmal die Gegenfrage nahe, was denn nun für die »akausale« Physik als Grundlage eingeführt werden soll. Denn ganz ohne irgendeine Voraussetzung läßt sich doch überhaupt keine physikalische Theorie entwickeln, es sei denn, daß man die bloße Registrierung einzelner Beobachtungstatsachen schon als eine Theorie ausgeben wollte.

Doch ich will hier nicht einmal so weit gehen, eine Beantwortung dieser Frage zu verlangen. Es würde mir auch ganz genügen, wenn nur irgendein zwingender Grund dafür angegeben werden könnte, daß die kausale Physik nicht ausreicht, um den Tatsachen der Erfahrung gerecht zu werden, daß also vielleicht der Rahmen, in den sie die Naturereignisse einfassen will, zu eng gespannt ist. Nun weist aber gerade das Beispiel, welches Sie von Ihrem der Wissenschaft zu früh entrissenen Lehrer FRITZ HASENÖHRL angeführt haben, nach der entgegengesetzten Richtung. Denn daß die Atome eines Holzklotzes bei ihren schnellen unregelmäßigen Bewegungen zufällig einmal gerade alle nach oben fliegen, ist vom Standpunkt der kausalen Physik nicht nur nicht unmöglich, sondern sogar innerhalb eines hinlänglich langen Zeitraumes mit einiger Wahrscheinlichkeit zu erwarten, und gerade die experimentelle quantitative Bestätigung derartiger Schwankungsgesetze bedeutet in meinen Augen eine ausgezeichnete Stütze zugunsten des Postulates der strengen Kausalität, mit dessen Hilfe sie ja doch abgeleitet worden sind.

Einen Punkt gibt es allerdings in der bisherigen Physik, der einer Revision bedarf, und dieser Punkt ist es vermutlich auch, der den ganzen Zweifel an der Zuverlässigkeit des Kausalgesetzes hervorgerufen hat. Wir müssen künftig die bisher stets stillschweigend gemachte Voraussetzung fallen lassen, daß wir die Bedingungen, welche einen Vorgang kausal determinieren, auch stets experimentell bis zu einem prinzipiell unbeschränkten Grade von Genauigkeit verwirklichen können. Diese Voraussetzung ist in der Tat mit den Gesetzen der Quantenmechanik nicht vereinbar. Aber das ist in der exakten Naturwissenschaft durchaus nichts Unerhörtes. In der Biologie z. B. nimmt man es als etwas ganz Selbstverständliches hin; und doch arbeitet die Biologie durchaus mit dem Postulat der strengen Kausalität. Ja ich glaube nicht zu weit zu gehen, wenn ich behaupte, daß in der Biologie die eigentliche Wissenschaft erst da anfängt, wo das Kausalgesetz in sie eingeführt wird.

So wird es, wie mir scheint, auch in der Physik künftig darauf ankommen, die Frage nach den Bedingungen, welche den Verlauf eines Naturvorganges eindeutig kausal bestimmen, grundsätzlich getrennt zu halten von der weiteren Frage, ob und inwieweit diese Bedingungen experimentell zu verwirklichen sind.

Wenn wir bedenken, daß bei neuartigen Problemen eine passende Formulierung der Aufgabe bekanntlich oft schon den halben Weg zu ihrer Lösung bedeutet, so dürfen wir hoffen, daß, von diesem Standpunkt aus gesehen, manche gegenwärtige Schwierigkeit sich einmal lösen und vielleicht auch manche Meinungsdifferenz sich als ein bloßer Streit um Worte entpuppen wird.

Und jetzt komme ich mit meinem letzten und stärksten Argument. Das ist der Hinweis auf die Erfolge, die in der geschilderten Richtung bereits erzielt worden sind. Hier kann ich mich angenehmerweise auf ein einziges glänzendes Beispiel beschränken, nämlich auf die Resultate Ihrer eigenen Arbeiten. Denn Sie sind es gewesen, der zuerst gezeigt hat, wie die raumzeitlichen Vorgänge in einem atomaren Gebilde in der Tat vollständig determiniert werden können, allerdings nur unter der Voraussetzung, daß man als Elemente derselben nicht wie bisher die Bewegungen der Massenpunkte, sondern die Materiewellen ansieht, und wie die rätselhaften diskreten Eigenwerte der Energie des Gebildes mit absoluter Genauigkeit aus der von Ihnen aufgestellten Differentialgleichung zuzüglich der natürlichen Randbedingungen sich berechnen lassen, wobei die Frage nach dem physikalischen Sinn der Materiewellen zunächst noch ganz offen bleiben kann.

Möchte es Ihnen, verehrter Herr Kollege, gelingen, auf dieser von Ihnen eröffneten Bahn weiter vordringend noch manche schöne Erfolge zu ernten. Das ist der zuversichtliche und aufrichtige Glückwunsch, mit dem ich Sie heute im Namen der Akademie willkommen heißen darf.

Adresse an Hrn. MAX PLANCK zum fünfzigjährigen Doktorjubiläum am 28. Juni 1929

Hochgeehrter Herr Kollege!

Zum fünfzigsten Male jährt sich der Tag, an welchem Sie als junger Student den Doktorhut erwarben und ins akademische Leben eintraten. Zu diesem Jubelfest entbietet Ihnen die Akademie, der Sie seit 35 Jahren als ordentliches Mitglied angehören, seit 17 Jahren als Beständiger Sekretar vorstehen, ihren von freudigem Stolz und aufrichtiger Dankbarkeit getragenen Festgruß.

Wenn wir heute mit Ihnen Ihre Tätigkeit während des verflossenen halben Jahrhunderts überschauen, so erfüllt uns Bewunderung und beinahe Verwirrung vor der überreichen, mannigfaltigen Fülle Ihres Schaffens. Aber bald verschwimmen dem schweifenden Blick die Einzelheiten. Wie ein strahlendes Kronjuwel von unermeßlichem Wert das Auge von allen übrigen Perlen und Edelsteinen abzieht und auf sich gebannt hält, so fesselt uns die Tat, durch welche Sie am Vorabend des neuen Jahrhunderts eine neue Physik, die Physik des PLANCKschen Wirkungsquantums, eingeleitet haben.

Vor einem Menschenalter sprachen Sie in Ihrer akademischen Antrittsrede aus, daß nur durch ganz neue allgemeine Ideen, durch Einführung neuer Postulate das unbestimmte Raten nach zutreffenden mechanischen Bildern in eine feste Richtung gewiesen werden könne. Die fundamentale Rolle, welche neben der Mechanik aller Wahrscheinlichkeit nach die Elektrodynamik dabei spielen würde, hoben Sie klar hervor. Ihre früheren Arbeiten hatten den beiden Hauptsätzen der Thermodynamik auf dem Gebiete der Thermochemie und Elektrochemie zum Siege verholfen und wunderbare Klarheit über diese Gebiete verbreitet. In geradliniger Fortsetzung dieses Weges wandten Sie sich nun der Wärmestrahlung zu. Sie begannen mit einer tief eindringenden theoretischen Untersuchung der irreversiblen Strahlungsvorgänge. Durch einfühlenden Vergleich des empirisch Bekannten mit den Forderungen der Theorie rangen Sie sich zu der unerhört kühnen Hypothese durch, daß die Energie zwischen Materie und Strahlung nur quantenhaft ausgetauscht werden könne. Der Vergleich mit dem WIENschen Verschiebungsgesetz ergab die weitere Forderung, daß die Strahlungsquanten mit der Frequenz der Strahlung proportional sein müssen. Durch diese Erkenntnis war eine völlig neue Ära in der Physik eröffnet.

Weder Sie selbst noch irgend jemand anderer hat Ihre ungeheure Entdeckung in der Geburtsstunde mit Jubel begrüßt. Mit zäher Energie waren Sie bemüht, die Kluft zwischen Ihrer neuen Hypothese und altgewohnten Vorstellungen auszufüllen oder zu überbrücken, obwohl die Tragweite Ihrer Entdeckung dadurch vermindert worden wäre. Die Wahrheit stand Ihnen hier wie stets hoch über persönlichem Ruhm. Ein so gewaltiger Schritt durfte nur für endgültig erklärt werden, wenn alle Versuche, ihn zu vermeiden, fehlschlugen. Sie schlugen fehl. Nur auf solche Weise konnte der Grundstein der neuen Physik, der das ganze Gebäude zu tragen bestimmt war, die Festigkeit und Unverrückbarkeit bekommen, die er heute besitzt.

Während von fremder Hand große und wichtige Bauten auf dem neuen Fundament errichtet wurden, die Theorie des lichtelektrischen Effekts, der spezifischen Wärmen, die moderne Atomtheorie, haftete Ihr Interesse an den grundlegenden allgemeinen Folgerungen für die Thermodynamik, die Ihnen ja bei allen Ihren Arbeiten Leitstern war. Sie erkannten den Zusammenhang des NERNSTschen Wärmetheorems mit Ihrer Hypothese und schufen den Begriff der absoluten Entropie, der Ihnen unter anderem die Möglichkeit gab, das Theorem über die Erfahrung hinaus auf Gase auszudehnen und die Theorie der chemischen Konstante rationell zu begründen. Die Zelleneinteilung des Phasenraums, die Sie für statistische Zwecke einführten, enthielt die fundamentale Unbestimmtheitsrelation bereits in sich, die erst viel später auf Grund der neuesten Entwicklung expressis verbis statuiert wurde.

So reich und überreich die Früchte Ihrer unermüdlichen Tätigkeit während dieses halben Jahrhunderts auch ausgefallen sind, so gibt es doch kaum einen anderen Physiker, dessen mannigfach ausgebreitete und tief eindringende Forschungsarbeit so klar und einheitlich von einer großen Idee getragen ist, nämlich: den Hauptsätzen der Thermodynamik zu völlig klarer und einwandfreier Deutung und auf allen Gebieten der Physik restlos zum Durchbruch zu verhelfen. So revolutionär sich heute der Enderfolg Ihres Schaffens darstellt, so war doch der Weg, der Sie dahin geführt hat, ein langsames, stetiges, folgerichtiges Fortschreiten unter Respektierung aller wirklich sichergestellten Wahrheiten, sorgfältigster Prüfung jeder neu hinzugefügten These.

Wenn die Akademie der dankbaren Anerkennung für das Große, das der ganzen Menschheit zugeteilt ist, den persönlichen Dank hinzufügt für die rastlose, aufopfernde Tätigkeit, welche Sie als Beständiger Sekretar in den Dienst der Akademie zu stellen nie müde wurden, so ist sie sich bewußt, daß dieser Dank nicht nur und nicht hauptsächlich an den genialen Forscher und Gelehrten, sondern an den guten, edlen Menschen gerichtet ist, der in schwieriger Zeit manche Woge zu glätten, manche Klippe zu umfahren verstanden hat durch seinen feinfühligen Takt, durch die makellose Reinheit seiner Gesinnung, vor welcher selbst gegnerische Meinung ehrfurchtsvoll das Haupt beugen muß.

Mögen Ihnen, hochgeehrter Herr Kollege, noch viele Jahre in der vollen Frische und Schaffenskraft vergönnt sein, in der wir Sie heute vor uns sehen als das seltene Beispiel eines Mannes, dessen Ruhm, unangetastet von kleinlicher Mißgunst, für alle Zeiten in die Sterne geschrieben ist.

Die Preußische Akademie der Wissenschaften.

Ansprache vom 3. Juli 1930

(Leibniztag)

Ein Gedenktag wie der heutige, der der Erinnerung an den Schöpfer unserer Akademie gewidmet ist, empfängt seine Rechtfertigung und seine Weihe nicht durch die statutarischen Bestimmungen, sondern durch die Gesinnung, in der er begangen wird, und durch die Kräfte, die er auslöst. Der Akademie ist das besondere Glück zuteil geworden, daß ihr geistiger Stifter zugleich der größte Forscher und Philosoph seiner Zeit war, und wenn sie bei einem festlichen Anlaß zu innerer Sammlung ihre bisherige Tätigkeit überschaut und sich auf die Aufgaben besinnt, welche ihrer in naher und ferner Zukunft harren, so kann sie zu einem sicheren Urteil am besten dadurch gelangen, daß sie das Geleistete und das Erstrebte an demjenigen mißt, was ihr erster Präsident bei ihrer Gründung von ihr erwartet und gefordert hat.

Für Leibniz bedeutete die Akademie die Verkörperung eines der höchsten Ziele seines Lebens, sie sollte seine Idee von der Einheit der Wissenschaft in die Tat umsetzen. In der von ihm entworfenen Stiftungsurkunde heißt es: Die verschiedenen Arten von Wissenschaft sind dergestalt miteinander verbunden, daß sie nicht wohl gänzlich getrennt werden können. Wie der Historiograph unserer Akademie, Adolf von Harnack, dessen wir heute in frischer Trauer und unauslöschlicher Dankbarkeit gedenken, eindrucksvoll geschildert hat, erstrebte Leibniz nicht eine einzelne Anstalt in einem Lande und mit beschränkter Aufgabe, sondern er zielte auf den Zusammenschluß aller Kräfte, die in der Wissenschaft überhaupt wirksam sind, zu gemeinsamer Arbeit, selbstverständlich auf übernationaler Grundlage. In jedem Kulturstaat sollte eine Akademie der Wissenschaften gegründet werden; sie sollten in engster Verbindung miteinander stehen, alle nach einem gemeinsamen Plan arbeiten, und ihr Bündnis sollte die Gelehrten der ganzen Erde als Priester der Wissenschaft vereinigen.

Dieser Traum ist freilich weder zu LEIBNIZ' Zeiten noch bis heute, nach mehr als zwei Jahrhunderten, in Erfüllung gegangen. Ein verheißungsvoller Anfang dazu, die vor 30 Jahren unter tatkräftiger Mitwirkung unserer Akademie gegründete Internationale Assoziation der Akademien, wurde ein Opfer des Weltkrieges. Sollen wir wegen dieses Mißerfolgs den LEIBNIZschen Plan endgültig aufgeben? Kein Forscher, der von dem Glauben an die Universalität seiner Wissenschaft nach Raum und Zeit durchdrungen ist, wird einen solchen Akt skeptischer Entsagung begehen wollen. Aber wo findet man eine Gewähr dafür, daß ein neuer Versuch zum internationalen Zusammenschluß nicht abermals durch eine ähnliche Katastrophe zum Scheitern gebracht werden wird? Soll man etwa mit der Ausführung des Planes so lange warten, bis der ewige Friede unter den Völkern zur Wirklichkeit geworden ist? An einen Eintritt dieses Zustandes in absehbarer Zeit darf man so lange starke Zweifel hegen, als die vielbesprochene allgemeine Abrüstung gerade bei den großen Militärmächten nur auf dem Papier steht.

Unter solchen Umständen bleibt nur eine einzige Möglichkeit offen, um schon in der Gegenwart zu einem Erfolg zu gelangen. Sie besteht darin, daß die internationalen wissenschaftlichen Beziehungen tunlichst unabhängig gemacht werden von der Politik mit ihren unvermeidlichen Schwankungen. Das ist ein Grundsatz, den unsere Akademie bei jeder sich ihr darbietenden Gelegenheit vertreten hat. Wenn der internationale Zusammenschluß, welcher durch die Universalität der Wissenschaft bedingt und gefordert wird, dauernden Bestand versprechen soll, so darf er nicht auf einen Vertrag zwischen den Ländern, sondern er muß auf einen Vertrag zwischen den wissenschaftlichen Institutionen der Länder, und zwar auf der Grundlage völliger Gleichberechtigung, aufgebaut werden. Und, was nicht minder wichtig ist, er darf sich von vornherein nicht darstellen als eine äußerlich fertige, nach formalen Gesichtspunkten konstruierte Dachorganisation inhaltleeren Charakters, sondern er muß von innen heraus, nach Maßgabe der vorliegenden sachlich wissenschaftlichen Bedürfnisse in den einzelnen Fächern allmählich heranwachsen. Eine jede in Blüte stehende Wissenschaft trägt in sich selbst die Fähigkeit und das Bedürfnis, sich zu entfalten und ihre Wirkungs- und Anwendungsgebiete auch äußerlich zu erweitern, zunächst innerhalb des eigenen Landes, dann aber auch über seine Grenzen hinaus.

Gerade unsere Akademie betrachtet es gegenwärtig als eine ihrer vornehmsten Aufgaben, im Rahmen der zunächst gegebenen Möglichkeiten diesem Expansionsbedürfnis Rechnung zu tragen und an der Aufsuchung der Mittel zu seiner Befriedigung zu arbeiten. So würde für die erfolgreiche Durchführung mehrerer ihrer wissenschaftlichen Unternehmungen die Schaffung besonderer Forschungsinstitute von hoher Bedeutung sein, und für deren ersprießliches Gedeihen wäre es der Akademie ganz besonders wertvoll, wenn sie die Möglichkeit erhielte, zur Leitung ihrer Institute auch Gelehrte berufen zu können, die ihren Wohnsitz außerhalb der Reichshauptstadt haben. Damit wäre zugleich ein verheißungsvoller Anfang gemacht auf dem als notwendig erkannten Wege einer Weiterentwicklung im Sinne ihres Schöpfers.

Für die Förderung solcher Wünsche und Pläne glaubt die Akademie um so zuversichtlicher sich der wohlwollenden Unterstützung seitens der Staatsregierung versichert halten zu dürfen, als sie von deren verständnisvoller Fürsorge gerade zur Zeit der allgemeinen Not in entscheidenden Augenblicken stets die notwendigen Mittel zur Fortführung ihrer Arbeiten empfangen durfte.

Wenn damals der Pulsschlag des akademischen Lebens sich nur mühsam und schwach aufrechterhalten ließ, so ist er heute wieder kräftig und leistungsfähig geworden. In rund 800 Exemplaren gehen gegenwärtig aus dem Büro der Akademie die gedruckten Berichte ihrer allwöchentlichen Sitzungen an die wissenschaftlichen Stellen der ganzen Welt hinaus, im Austausch gegen mehr als 1000 verschiedenartige, teilweise seltene Serien, und die Zahl ihrer in dauernder Tätigkeit befindlichen Unternehmungen ist in den letzten Jahren auf über 20 angewachsen. Aber nicht die Menge, sondern der wissenschaftliche Inhalt der Publikationen ist für den Wert der akademischen Arbeit entscheidend. Wie läßt sich über diesen ein Urteil gewinnen? Wie stellt sich insbesondere der Fortschritt der gesamten innerhalb der Akademie gepflegten Wissenschaft dar, wenn man ihn mißt durch einen Vergleich mit ihrem Stand in den Tagen von LEIBNIZ?

Gewiß ist diese Frage nur schwierig zu behandeln, und die Antwort darauf wird für die verschiedenen Wissenschaftsgebiete sehr verschieden ausfallen. Immerhin ergibt sich schon bei einer flüchtigen Betrachtung ein gewisser charakteristischer Unterschied, ein Unterschied, den einst AUGUST BOECKH, der langjährige Sekretar der Akademie, etwa folgendermaßen formuliert hat: Der einleuchtendste und wichtigste wissenschaftliche Fortschritt liegt auf empirischem Felde und ruht auf empirischer Grundlage. In der erfahrungsgemäßen Erforschung der Natur liegen unsere gewaltigsten Errungenschaften, aber auch die erfahrungsmäßige Erforschung menschlicher Dinge, d. h. die Geschichtswissenschaft im allgemeinsten Sinn, hat auf allen ihren Gebieten reiche und erstaunliche Erfolge erzielt. Aber je unsinnlicher, innerlicher, geistiger die Dinge sind, mit denen sich eine Wissenschaft beschäftigt, desto unmerklicher, geringer, bestrittener ist in ihr der Fortschritt. Der unbeschränkte, fessellose Geist kommt durch die in ihm selber liegenden Mittel nicht weit und nur sehr langsam über die Grenzen hinaus, an welche er vermöge seiner urschöpferischen Kraft schon gleich zu Anfang herangerückt ist. Weder Beobachtungen noch Versuche decken die letzten Gründe auf, noch bauen sie eine Brücke vom Sinnlichen zum Übersinnlichen, von der Materie zum Geist. Die großen schöpferischen Ideen lassen sich nicht durch beabsichtigte oder zufällige Entdeckungen oder Erfindungen vermehren, sondern nur klarer herausstellen. Das ist auch der Grund, weshalb die Kultur des Altertums einen unvergänglichen Wert für die gesamte Nachwelt behält; denn das Altertum hat in jugendlicher Frische und Begeisterung jene Ideen erzeugt und ausgeprägt, und die Späteren können Geist und Gemüt an jener heiligen Flamme nur immer neu erwärmen und nähren.

Diese Gedanken, denen Boeckh vor 80 Jahren in der Akademie Ausdruck gegeben hat, dürfen auch heute noch unbestreitbare Geltung behaupten, und sie können nicht wirksamer belegt werden als durch einen Hinblick auf Leibniz selbst. Seinem universellen Geist war keine Art von Wissenschaft fremd, und was mehr ist, er war nicht nur Kenner, sondern er war auch Pionier auf allen ihren Gebieten. Wenn er in einer ruhigen Stunde über die Einzelheiten seiner Monadenlehre grübelte oder vielleicht an der Begründung der Differentialrechnung arbeitete, so konnte er in der nächsten Stunde über die Frage nachsinnen, wie man durch rationelle Hebung der Seidenraupenzucht eine Verbesserung der Finanzen erzielen könne oder darüber, welche Mittel es gäbe, um Wagen und Kutschen leichter und bequemer einzurichten. Ja, es wurde ihm nachgesagt, daß er mit dem abenteuerlichen Projekt umginge, ein Fuhrwerk zu bauen, welches in 24 Stunden von Hannover bis Amsterdam fahren könne.

Heute, in den Tagen der Kunstprodukte und der Motoren, sind derartige Versuche veraltet und vergessen, sie sind überholt durch die unerhörten Fortschritte der Naturwissenschaft und der Technik. Aber die Leibnizsche Differentialrechnung steht unverrückbar im Lehrplan unserer Schulen, und was die Monaden anbetrifft, so ist nicht zu leugnen, daß gerade durch die moderne Naturwissenschaft ein Zug geht, der einigermaßen an Leibnizsche Gedankengänge zu erinnern scheint.

Wie in der Biologie, so hat sich auch in der Physik die Erkenntnis Bahn gebrochen, daß die Zerlegung irgendeines verwickelten Vorganges in seine einfachen Elemente, wie sie jede Wissenschaft vornehmen muß, um in die Fülle der Erscheinungen Ordnung und Gesetzmäßigkeit zu bringen, nicht ohne weiteres durch Einteilung des zu untersuchenden Objektes in kleinste raumzeitlich nebeneinanderliegende Teile vorgenommen werden darf, weil nämlich bei einer solchen Art von Einteilung gewisse charakteristische Zusammenhänge ignoriert werden und der Erforschung verlorengehen. Vielmehr muß man, um zu einfachen allgemeinen Gesetzen vordringen zu können, stets das Objekt als Ganzes im Auge behalten und nach elementaren Vorgängen in diesem fragen.

Man ist tatsächlich versucht, bei solchen Betrachtungen an die LEIBNIZschen Monaden zu denken, deren jede in lebendiger Beziehung zur ganzen Welt steht, die sich in ihr mehr oder minder vollkommen widerspiegelt, während im Gegensatz dazu das chemische Atom im früheren, jetzt durch die Wellenmechanik überholten Sinn sich gewissermaßen blind verhält und nur auf die Vorgänge in seiner unmittelbaren Nachbarschaft reagiert.

Wie dem auch sei, in jedem Falle ist nicht zu verkennen, daß manche Fragen, welche man durch die wissenschaftliche Forschung der letzten beiden Jahrhunderte erledigt glauben durfte, neuerdings wieder in Fluß gekommen sind, und daß daher ein erneutes Studium der LEIBNIZschen Ideen nicht nur historisch, sondern auch fachwissenschaftlich betrachtet noch wertvolle Erträgnisse zu liefern verspricht. In diesem Sinne dürfen wir mit verstärktem Interesse die weiteren Fortschritte des wissenschaftlichen Unternehmens verfolgen, welches der Akademie aus der Zeit der internationalen Assoziation noch als eine Art Vermächtnis verblieben ist: der Gesamtausgabe der Schriften von LEIBNIZ, deren erste drei Bände seit Beginn dieses Jahres vorliegen.

Auch die Tätigkeit der vor 4 Jahren unter den Auspizien der Akademie gegründeten LEIBNIZ-Gesellschaft hat mit der Herausgabe von 3 Bänden des LEIBNIZ-Archivs einen erfreulichen Anfang genommen. Möge ihm der Fortgang der Arbeit entsprechen.

Aus der Ansprache vom 21. Januar 1932
(Friedrichstag)

Schon eine flüchtige Überschau läßt die tiefen und eigentümlichen Unterschiede erkennen, welche sich bei einem Vergleich der friderizianischen Akademie mit der gegenwärtigen aufdrängen müssen. Vor allem war ihr Wirkungskreis damals sehr viel weiter gesteckt als heute. Denn sie sollte nach dem Willen des Königs nicht nur gelehrtes Wissen verbreiten, sondern sie sollte auch direkt im Sinne allgemeiner Aufklärung arbeiten, gegen Intoleranz kämpfen und dadurch die Menschheit auf eine sittlich höhere Stufe heben. Das war nicht möglich ohne eine starke Betonung ihrer Wirkung nach außen. Es durfte für einen Akademiker nicht genügen, eine wissenschaftliche Untersuchung gründlich und einwandfrei durchzuführen, er mußte auch ihre Bedeutung möglichst gemeinfaßlich darlegen und sie in anziehender und geschmackvoller Form zum Vortrag bringen, um dadurch auf möglichst weite Kreise Eindruck zu machen. Mit dieser Forderung hing auch zusammen, daß FRIEDRICH die französische Sprache zur offiziellen Sprache der Akademie bestimmte und mit Vorliebe Franzosen oder französisch sprechende Schweizer zur Mitarbeit heranzog. Denn er war der Ansicht, daß die deutsche Sprache nach ihrer derzeitigen Struktur zu vulgär und zu schwerfällig sei, um feinere Gedankengänge mit der wünschenswerten Präzision und Eleganz auszudrücken — ein Standpunkt, den er allerdings nur als einen provisorischen angesehen wissen wollte. Denn niemand hat zuversichtlicher und begeisterter als er die kommende Blüte der deutschen Sprache und Literatur mit prophetischen Worten willkommen geheißen. Mag man daher immerhin die Akademie FRIEDRICHS eine französische nennen. Französisch war ihr Firnis, aber deutsch war ihr Kern, wie schon dem Umstand zu entnehmen ist, daß in den Sitzungen der Akademie weitaus die meisten Abhandlungen deutsch oder auch lateinisch vorgetragen und nur für die Veröffentlichung nachträglich ins Französische übersetzt wurden.

Den Absichten des Königs entsprach der Erfolg. Nie war die Berliner Akademie der Wissenschaften populärer, im Inland wie im Ausland, als in den 46 Jahren seiner Regierung. Die besten und angesehensten Persönlichkeiten, deren er habhaft werden konnte, wurden zu Mitgliedern berufen, sofern sie ihm zur Mitarbeit an den Zielen der Akademie geeignet erschienen. So wurde die Akademie zugleich auch eine Freistätte für Gelehrte, die wegen ihrer Gesinnung aus andern Ländern vertrieben waren. Die Veröffentlichungen der Akademie, denen der König selber durch fleißige Mitarbeit einen Glanz besonderer Art verlieh, fanden ihren Weg in alle Richtungen und Entfernungen. Neben den Sitzungsberichten der Akademie waren es auch ihre zahlreichen Gutachten über die verschiedenartigsten Fragen, welche überall gelesen und besprochen wurden und die sie nicht müde wurde abzustatten, auch über so abgegriffene Themen wie die Quadratur des Kreises oder die Einführung einer Universalsprache. Dazu kamen noch die alljährlich gestellten Preisaufgaben, die durch ihren aktuellen und allgemein interessierenden Inhalt in der Regel zahlreiche Bewerber auf den Plan riefen, und deren Ergebnis stets mit Spannung erwartet wurde. Die Schriften der Berliner Akademie fanden sich in der Bibliothek eines jeden Gelehrten, sie zierten die Schreibtische der gebildeten Damen, an den öffentlichen akademischen Sitzungen nahm in der Regel die ganze Hofgesellschaft teil, das Interesse für die Angelegenheiten der Akademie gehörte zum guten Ton in der vornehmen Gesellschaft. Hinter diesem edlen Eifer stand selbstverständlich als sehr wesentlicher, stets sich erneuernder Impuls die Person des Königs und die von ihm ausgegebene Parole.

Bei aller solcher Teilnahme an seiner Akademie und bei aller
 ihr als Ganzem gewährten Hilfsbereitschaft hielt FRIEDRICH aber

doch darauf, daß in seinem Verkehr mit den einzelnen Mitgliedern der Akademie eine gewisse Distanz gewahrt blieb. Charakteristisch dafür ist, daß er, so zahlreiche Beiträge er für die Schriften der Akademie geliefert hat, doch in keiner Sitzung jemals persönlich erschienen ist. Bei wichtigen Anlässen ließ er sich von einem Prinzen vertreten. Soweit der Verkehr mit der Akademie einer mündlichen Aussprache bedurfte, namentlich bei Berufungsfragen, pflegte er ein oder das andere Mitglied zu besonderen vertraulichen Verhandlungen heranzuziehen, am regelmäßigsten den Präsidenten der Akademie, den berühmten Physiker MOREAU DE MAUPERTUIS, dessen Einfluß in der Akademie dadurch naturgemäß eine ausnehmende Bedeutung erhielt. Diese überragende Stellung eines einzelnen Mitgliedes hatte freilich neben den Vorteilen der Einheitlichkeit in der Leitung der Geschäfte doch auch die starken Nachteile, welche sich immer dann einstellen, wenn eine Korporation an persönliche Fehler und Schwächen ihres Führers gebunden ist. MAUPERTUIS war ein Mann von wissenschaftlichen Verdiensten und ehrlichem Charakter, aber er besaß eine bedenkliche Schwäche: ein übertriebenes Selbstbewußtsein und eine maßlose, ans krankhafte grenzende Eitelkeit. Der Akademie ist sie teuer zu stehen gekommen, für ihn selbst wurde sie zum tragischen Verhängnis.

Die Geschichte dieses an aufregenden Zwischenfällen und Zeugnissen blinder Leidenschaft reichen Dramas, in dessen Verlauf sich einzig der König selber als der wahrhaft Große zeigte, hat zu wiederholten Malen Mitglieder unserer Akademie zu eindrucksvollen Schilderungen angeregt, so HERMANN VON HELMHOLTZ, EMIL DU BOIS-REYMOND, HERMANN DIELS, ADOLF VON HARNACK. Sie soll hier nur mit wenig Worten angedeutet werden. MAUPERTUIS betrachtete als seine größte wissenschaftliche Tat, auf die er seinen ganzen Stolz setzte, die Entdeckung des Prinzips der kleinsten Wirkung, welches auch heute noch, entsprechend verallgemeinert, als das umfassendste Naturgesetz anzusehen ist. Als daher der Mathematiker und

Leibniz-Forscher SAMUEL KÖNIG in Holland, auswärtiges Mitglied der Akademie, die Abschrift eines von LEIBNIZ im Jahre 1707 an den Mathematiker JACOB HERMANN in Basel gerichteten Briefes veröffentlichte, in welchem sich eine gewisse Formulierung jenes Prinzips vorfindet, geriet er sogleich in heftige Aufregung, unterwarf jene Formulierung einer scharfen Kritik und verlangte vor allem die Vorweisung des Originals jenes Briefes. Als dieses nun trotz eifriger Bemühungen nicht herbeigeschafft werden konnte, zögerte er nicht, seinen Kollegen SAMUEL KÖNIG des Plagiats zu bezichtigen, den Leibniz-Brief für eine Fälschung zu erklären, und, was das Schlimmste war, auch die gesamte Akademie zu einer öffentlichen Erklärung desselben Inhalts zu veranlassen. Dieser einstimmig gefaßte, auf ganz dürftige Gründe gestützte Akademiebeschluß ist heutzutage kaum begreiflich und wird für immer ein dunkler Punkt auf dem Ehrenschild der Akademie bleiben. Ein Teil der Verantwortung fällt auf LEONHARD EULER, den damaligen Direktor der mathematischen Klasse, der, wissenschaftlich den Präsidenten MAUPERTUIS weit überragend, sich an dessen Seite stellte, vielleicht weil er kein Interesse daran hatte, den Ruhm von LEIBNIZ, den er wohl als Philosoph anerkannte, aber als Mathematiker von Fach nicht recht voll nehmen wollte, noch weiter zu vermehren.

Das Original des umstrittenen Leibniz-Briefes ist auch bis heute nicht gefunden worden. Dennoch können wir, nachdem emsige Nachforschungen manche neue Einzelheiten zutage gefördert haben, zwar nicht mit voller Sicherheit, aber doch mit hoher Wahrscheinlichkeit sagen, daß der Brief nach Datum und Inhalt echt ist. Zweifelhaft bleibt nur der Adressat. Nach CARL IMMANUEL GERHARDT war er nicht an JACOB HERMANN, sondern an den Mathematiker PIERRE VARIGNON in Paris gerichtet. Gegen diese Annahme hat aber wiederum WILLY KABITZ auf Grund neuer Funde starke Bedenken geltend gemacht.

Wichtiger noch für die Geschichte der Wissenschaft als die Frage nach der Echtheit jenes speziellen Briefes ist die allgemeinere Frage, ob LEIBNIZ das Prinzip der kleinsten Wirkung gekannt hat, und diese Frage muß, wie schon HELMHOLTZ und erst kürzlich wieder in einer ausführlicheren Untersuchung unser zu früh dahingeschiedenes Mitglied ADOLF KNESER dargelegt hat, mit Entschiedenheit bejaht werden. So ist heute LEIBNIZ, auch wenn er jenen Brief niemals geschrieben hätte, als der Entdecker des Wirkungsprinzips zu betrachten, und MAUPERTUIS muß zu seinen Gunsten zurücktreten.

Aber schon damals sollte sich der Mißbrauch, den der Präsident der Akademie mit seinem überragenden Einfluß getrieben hatte, nur allzubald rächen. Denn nun hielt sein schlauer und gefährlicher Nebenbuhler VOLTAIRE, der damalige Günstling des Königs, der selber nach dem Präsidentensitz strebte, den Augenblick für gekommen, um seine ehrgeizigen Pläne in Gang zu setzen. Erst aus anonymem Hinterhalt, dann in aller Öffentlichkeit richtete er seine wohlgezielten Giftpfeile auf die nur zu leicht erspähbaren Blößen seines von Größenwahn verblendeten und dadurch unvorsichtig gewordenen Gegners, zog dessen großsprecherische wissenschaftliche Elaborate ins Lächerliche und suchte ihn vor allem beim König unmöglich zu machen. Da war es FRIEDRICH selber, der sich ritterlich schützend vor den schwer gekränkten Präsidenten seiner Akademie stellte und den boshaften Angreifer zu demütiger Abbitte zwang. Diesem blieb nichts übrig als Berlin zu verlassen. Aber auch MAUPERTUIS war ein gebrochener Mann. Die durchgemachten Aufregungen zehrten auch an seinem Körper, er suchte Erholung auf einer Reise, erlag aber wenige Jahre später fern von Berlin seiner Krankheit. Die Geschäfte des Präsidenten wurden zunächst von EULER übernommen.

Durch den Ausbruch des Siebenjährigen Krieges wurde FRIEDRICH in eine andere Welt der Interessen gezogen. So mag es gekommen sein, daß er die Wahl LESSINGS, welche die sich selbst überlassene Akademie aus eigener Initiative vorgenommen hatte, stillschweigend passieren ließ. Er war aber offenbar mit diesem selbständigen Vorgehen der Akademie unzufrieden; denn er entzog ihr fortab das Vorschlagsrecht und behielt sich die Ernennung neuer Mitglieder selber vor bis zur Wiederbesetzung der Präsidentenstelle, die aber niemals erfolgt ist. Nach seiner Bedeutung für die Akademie und für die ganze wissenschaftliche Welt wäre wohl EULER an erster Stelle für den Posten des Präsidenten in Betracht gekommen. Aber FRIEDRICH überging ihn, vielleicht weil er ihm zu sehr Fachmann war, und zog es vor, mit d'ALEMBERT zu verhandeln, der als Mathematiker an EULER nicht heranreichte, aber als Philosoph und Enzyklopädist eine ausgebreitetere allgemeine Bildung besaß und außerdem den Vorzug hatte, Franzose zu sein. Dieser entschied sich jedoch, trotz der glänzenden ihm von FRIEDRICH gemachten Anerbietungen klugerweise dahin, lieber Freund des Königs zu bleiben und als solcher seinen Einfluß auszuüben, als in dessen Dienste zu treten und sein Untertan zu werden. So blieb d'ALEMBERT denn auch bis zu seinem Lebensende in stetem Briefwechsel mit FRIEDRICH und hat während dieser ganzen Zeit, wenn auch nicht nominell, so doch tatsächlich, die eigentlichen Geschäfte des Präsidenten der Akademie wahrgenommen.

EULER hat diese Zurücksetzung nicht verwunden. Jedenfalls war sie mit ein Grund dafür, daß es ihn in Berlin nicht mehr auf die Dauer litt und daß er schließlich wieder nach Petersburg zurückkehrte, von woher er seinerzeit für die Akademie gewonnen worden war. FRIEDRICH ließ ihn ungern ziehen. Nicht weniger als dreimal mußte EULER sein Entlassungsgesuch erneuern, ehe es vom König genehmigt wurde. Auch in späterer Zeit ist dieser in freundlichen Beziehungen mit ihm geblieben.

Es ist ein eigenartiges Zusammentreffen, daß FRIEDRICH, der für exakte Wissenschaft keine besondere Veranlagung besaß und aus seiner Abneigung gegen Mathematik und Geometrie niemals ein Hehl machte, als vornehmste Berater in Akademieangelegenheiten drei Mathematiker hintereinander hatte, zuerst MAUPERTUIS, dann EULER, dann d'ALEMBERT. Den erheblichen Nutzen der mathematischen Wissenschaften erkannte er unumwunden an, aber sein Interesse für sie ging doch nicht über das hinaus, war er für unmittelbar praktisch hielt, wie er denn

z. B. bei der Herstellung der Karten für die Landesaufnahme die Berücksichtigung der Erdkrümmung als eine theoretische Spitzfindigkeit ablehnte.

Aber nicht allein auf dem Gebiet der Naturwissenschaft, auch auf dem der Philosophie führten den König seine vielseitigen Erfahrungen und sein politisches Pflichtbewußtsein im Lauf der Zeit immer mehr den Interessen für die unmittelbaren Aufgaben des praktischen Lebens zu; der Reiz, erkenntnistheoretische Probleme zu erörtern, ja sogar seine literarischen und künstlerischen Liebhabereien traten in steigendem Maße zurück gegen die Neigung zur Behandlung ethischer und pädagogischer Fragen, welche ihm die Sorge um das Wohl seines Volkes eingab. Das kommt immer wieder in seinem Briefwechsel mit d'ALEMBERT zum Ausdruck. Einmal schreibt er diesem: »Alle die modernen naturwissenschaftlichen Bemühungen in bezug auf Elektrizität, Gravitation und Chemie haben die Menschheit nicht gebessert und ihren moralischen Zustand nicht gefördert, sie sind also ein Luxus. Die Naturforscher selbst werden ja durch ihre Wissenschaft nicht vorzüglichere Menschen. Was wollen also alle jene Entdeckungen der Modernen für die Wissenschaft bedeuten, wenn die Philosophie das Kapitel der Moral und der Sitten vernachlässigt, auf welches die Alten ihre ganze Kraft verwendet haben.«

In solchen auf ethische und religiöse Fragen gerichteten Neigungen stieß er auf Gedankengänge von VOLTAIRE, mit dem infolgedessen allmählich wieder eine freundliche Korrespondenz in Gang kam. Sie muß ihm auch persönlich nahegegangen sein; denn bei VOLTAIRES Tod stiftete der König der Akademie eine künstlerisch wertvolle Porträtbüste von VOLTAIRE. So ist es durch eine eigentümliche Schicksalslaune gekommen, daß, während die Akademie von ihrem Präsidenten MAUPERTUIS nur ein mäßiges Ölbildnis besitzt, der eindrucksvolle Marmorkopf seines Todfeindes heute im Vorraum zum großen Sitzungssaal mit ironisch lächelnder Miene den Eintretenden grüßt.

Es versteht sich, daß die geschilderten Interessen des Königs auch auf die Arbeiten der Akademie ihren Einfluß ausübten. Sie mußte bei den Plänen zur Hebung des höheren Unterrichtswesens mitwirken und wurde mit Gutachten über Schulangelegenheiten befaßt. Auch bei den von der Akademie gestellten Preisaufgaben kamen pädagogische Tendenzen zum Ausdruck, wie z. B. bei der Frage, ob es möglich sei, natürliche Neigungen auszumerzen, und wie man die guten zu stärken, die schlechten zu schwächen habe. Sogar auf das für eine wissenschaftliche Akademie gefährliche politische Gebiet griffen gelegentlich die Fragen über, so die Frage nach der Beeinflussung der Geschichtswissenschaft durch die Regierung und umgekehrt. Der Preis für die beste Bearbeitung wurde GOTTFRIED HERDER zuerkannt, der sich überhaupt mehrmals erfolgreich bei der Bearbeitung akademischer Preisaufgaben beteiligt hat.

Von dem tiefen Veranwortungsgefühl FRIEDRICHs, wie auch nicht minder von seiner gründlichen Menschenverachtung gibt eine besonders delikate Frage Zeugnis, die in seinem Briefwechsel mit d'ALEMBERT mehrfach erörtert wird: die Frage, ob es sich unter Umständen rechtfertigen läßt, das Volk zu täuschen, sei es, daß man ihm Wahrheiten vorenthält oder daß man ihm Irrtümer beibringt. Da er sich hierüber mit d'ALEMBERT nicht einigen konnte, so beschloß er, als eine weitere Instanz die Akademie anzurufen und forderte dieselbe direkt auf, die genannte Frage als Preisaufgabe auszuschreiben. Die Akademie fühlte sich durch dieses Ansinnen in eine etwas peinliche Lage versetzt; denn sie war sich der Schwierigkeit bewußt, die in der Verpflichtung lag, bei der Fällung des Urteils ihre Würde und Unabhängigkeit in Einklang zu bringen mit der schuldigen Ehrfurcht vor ihrem königlichen Protektor. Sie sträubte sich daher anfangs beharrlich gegen diese Preisaufgabe. Aber FRIEDRICH blieb fest, und so wurde die Aufgabe in aller Form ausgeschrieben.

Die Beteiligung war eine recht lebhafte. Nicht weniger als 42 Bearbeitungen liefen ein, von denen allerdings einige aus formalen Gründen von vornherein ausgeschieden werden mußten. Die Akademie hatte eine mühsame Arbeit, aber sie entledigte sich ihrer Aufgabe mit einer Würde und Klugheit, die auch einem gewiegten Diplomaten Ehre gemacht hätte: sie teilte nämlich den Preis zwischen zwei der besten Arbeiten, von denen die eine die gestellte Frage bejahte, die andere sie verneinte. Vielleicht konnte man aus dieser Art der Entscheidung auch herauslesen, daß die Akademie damit auf eine indirekte und feine Weise andeuten wollte, die Frage gehöre zu denjenigen, welche für eine Behandlung vor dem Forum der Wissenschaft nicht geeignet sind. FRIEDRICH mochte ähnliches empfunden haben. Jedenfalls übte er keine Kritik an dem Urteil der Akademie und ist auch in späterer Zeit nicht mehr auf den Gegenstand zurückgekommen.

Wenn durch solche allgemein interessierenden Arbeiten die Akademie ihr Ansehen nach außen formal aufrechtzuerhalten wußte, so fehlte ihr doch andererseits, auf weitere Sicht betrachtet, die für die eigentliche wissenschaftliche Initiative unentbehrliche geistige Spannkraft und vor allem der wünschenswerte Nachwuchs. Vergeblich versuchte ihr FRIEDRICH frisches Blut einzuflößen. Es wurde ihm immer schwerer, Persönlichkeiten zu finden, die ihm zur Aufnahme in die Akademie geeignet schienen. Ein besonderer ihr erwiesener Huldbeweis war die Berufung der Kaiserin KATHARINA von Rußland zum Mitglied, der ersten Frau, welche der Akademie angehört hat. Aber dieser erlauchte Name bedeutete für sie doch nicht mehr als ein flimmerndes Ornament. Die wissenschaftlichen Arbeiten der Akademie gerieten immer mehr ins Stocken, und das hatte seinen tiefen Grund. Es war eine neue Ära angebrochen, eine Ära, in welche FRIEDRICHS Akademieideal nicht mehr hineinpaßte. Die Zeiten waren vorüber, wo jeder Akademiker den Ehrgeiz hatte oder wenigstens von Amts wegen haben sollte, als Universalgelehrter zu gelten. Die Einheit der Wissenschaft war verlorengegangen, die wachsende Fülle des Inhalts hatte die Form gesprengt. Denn um vorwärts zu kommen, sah sich die Wissenschaft immer mehr auf die Pflege der induktiven, unmittelbar an den Quellen schöpfenden Forschung angewiesen und daraus ergab sich von selbst die Spaltung in Einzelfächer. Diese waren es, welche allmählich die Führung übernahmen. Denn indem sie der Reihe nach begannen sich selbständig zu machen, bildeten sie, ein jedes unabhängig von den übrigen, ihre besonderen Methoden aus und wirkten durch deren Ergebnisse als die Träger der neuen Ideen.

Eine rechte Würdigung dieser Entwicklung und der sie vertretenden Männer vermochte der alternde König nicht mehr aufzubringen. Dazu kam, daß die frisch sich regenden Kräfte nicht unter den Franzosen, sondern vornehmlich unter den Deutschen zu suchen waren, denen er solche Leistungen von vornherein gar nicht zutraute. Wie er die Wahl LESSINGs mißbilligt hatte, so ging er an Männern wie WIELAND, WINCKELMANN, HERDER, MOSES MENDELSSOHN, KANT vorüber, und die Akademie, der er das Vorschlagsrecht entzogen hatte, mußte nicht nur nach ihrer Qualität, sondern auch nach ihrer Mitgliederzahl immer mehr verkümmern. Bei FRIEDRICHs Tod besaß sie nur noch 18 ordentliche Mitglieder, die philosophische Klasse gar nur 2.

Schlußwort des vorsitzenden Sekretars Hrn. PLANCK

Blicken wir zum Schluß der heutigen Sitzung aus der Gegenwart wieder zurück auf die Zeit des großen Königs, so ist nicht zu verkennen, daß der für die friderizianische Akademie charakteristische und mit ihr verlorengegangene Gedanke der Universalwissenschaft heute in gewissem Sinn wieder lebendig geworden ist. Nur besteht ein wesentlicher Unterschied gegen früher darin, daß die Universalwissenschaft jetzt nicht mehr am Anfang, sondern am Ende der Einzelforschung steht. Bei aller Wahrung ihrer Selbständigkeit in Zielsetzung und Methodik streben die Einzelfächer heute ungestüm nach Zusammenschluß. In der Altertumswissenschaft reichen sich Philologie,

Archäologie und Geschichtswissenschaft zu gegenseitiger Förderung die Hände, die Schranken zwischen Botanik und Zoologie sind gefallen, wie auch die zwischen der Physik und der Chemie auf der einen, der Geometrie auf der andern Seite. Überall werden gerade auf den bisherigen Grenzgebieten besonders wertvolle Früchte geerntet. So kündet sich eine neue Universalwissenschaft an, die aber nun nicht mehr die Einzelwissenschaften in ihrem Bann hält, sondern umgekehrt sich fortwährend an ihnen orientiert und durch sie vervollständigt wird.

Diese Entwicklung entspricht einem tiefen Drang unserer Zeit. Alles ruft jetzt nach wissenschaftlicher Weltanschauung. Aber eine gesunde wissenschaftliche Weltanschauung darf nicht in der Luft stehen, sondern sie muß auf feste Tatsachen gegründet werden, die ihrerseits nur durch induktive Forschung gewonnen und gesichert werden können. An solcher Aufbauarbeit nach Kräften mitzuwirken, im Vertrauen auf die auch in den schwersten Zeiten bewährte Fürsorge der Staatsregierung, und dadurch nicht allein der Wissenschaft selber, sondern auch, wie es die friderizianische Akademie wollte, der allgemeinen Kultur und dem Wohle der Menschheit zu dienen, wird immer die schönste Aufgabe unserer Akademie bilden.

Ansprache vom 27. Juni 1935
(Leibniztag)

Ein Erinnerungstag wie der heutige, der in regelmäßiger Wiederkehr dem Andenken eines Großen im Reiche des Geistes gewidmet ist, ruft die Feiernden stets aufs neue zur Rechenschaft darüber auf, wie sie das ihnen überkommene Geisteserbe verwaltet und welche Früchte sie daraus gezogen haben. Doch mit solcher rückschauenden Betrachtung erschöpft sich keineswegs die Bedeutung dieser festlichen Stunde. Wichtiger sogar noch ist die Vorschau, der Blick in die Zukunft, die Frage nach der Richtung, nach dem Sinn der Entwicklung, in der wir vorwärtstreiben. Und hier darf die Preußische Akademie der Wissenschaften sich glücklich preisen, daß sie in ihrem Schöpfer Gottfried Wilhelm Leibniz einen geistigen Führer aufzuweisen hat, der nicht nur den Aufgaben seiner Zeit in hervorragendem Maße gerecht wurde, sondern dessen Name auch heute noch lebendig ist, ja aller Voraussicht nach mit stetig zunehmendem Glanz unser Jahrhundert überstrahlen wird.

Es ist eine ebenso schwierige wie verlockende Aufgabe, sich im einzelnen klarzumachen, was Leibniz dem Gegenwartsmenschen zu sagen hat. Erschöpfend läßt sie sich schon deshalb nicht behandeln, weil zur vollständigen Erfassung der geistigen Bedeutung dieses genialen Mannes eine Universalität der Bildung gehören würde, die nach ihm von keinem Sterblichen mehr erreicht worden ist. Aber auch jeder Versuch dazu wird ein gewisses Interesse beanspruchen dürfen, da auch eine einseitige Beleuchtung, wenn man sich nur ihrer Beschränktheit bewußt bleibt, und wenn man ihre Ergänzung durch andere Beleuchtungen offenläßt, zur Erkenntnis eines Gegenstandes beitragen kann, ähnlich wie durch verschiedene spezielle Flächenprojektionen schließlich auch ein plastisches Bild zu gewinnen ist.

Wenn wir uns die Frage stellen, inwieweit das Lebenswerk von LEIBNIZ in die Gegenwart fortwirkt, so muß vor allem ein charakteristischer Umstand ins Auge fallen, der sich, mag man irgendeine beliebige Art seiner Tätigkeit betrachten, immer wieder herausstellt. LEIBNIZ war Fachmann und Forscher in der Jurisprudenz, Historie, Religionswissenschaft, Staatswissenschaft, Mathematik, Naturwissenschaft, Technik, und auf jedem dieser Gebiete hat er Spuren seiner schöpferischen Arbeit hinterlassen, ohne daß man sagen kann, daß dabei, im Großen gesehen, eines von ihnen besonders in den Vordergrund tritt. Aber ein gemeinsamer Unterschied ergibt sich, sobald man nicht nach Fächern, sondern nach Zielsetzungen innerhalb eines Faches ordnet. Je höher und weiter das Ziel, desto nachhaltiger und kräftiger die Wirkung bis in die Gegenwart. Von der schier unermeßlichen Fülle seiner Untersuchungen sind diejenigen am frühesten verblaßt, welche sich auf Lösungen naheliegender praktischer Aufgaben, auf unmittelbar Nützliches bezogen. Kalender-Reform, die Verbesserung der Seidenraupenzucht, die Erfindung der Rechenmaschine, die chemischen und alchimistischen Studien, um nur einige hervorragende zu nennen, sind heute überholt und mehr oder weniger vergessen. Dagegen seine Infinitesimalrechnung, sein Prinzip der kleinsten Wirkung, seine allgemeine Staats- und Rechtslehre, seine philosophischen Ideen haben ihre Bedeutung bis auf die Gegenwart bewahrt und stehen gerade jetzt wieder im Vordergrund des allgemeinen Interesses.

Wenn man versucht, den Punkt, in welchem LEIBNIZ die moderne Denkrichtung am unmittelbarsten beeinflußt, mit einem kurzen Wort zu charakterisieren, so kann man ihn vielleicht mit dem erst jetzt wieder nach seiner vollen Bedeutung gewürdigten Begriff der Ganzheit kennzeichnen. Dieser Begriff steht bei LEIBNIZ von Anfang an im Mittelpunkt seines Denkens, er gehört mit zum Wesen seiner Anschauungsweise und entspricht ganz der Vielseitigkeit seiner praktischen Interessen. Bei jedem Erlebnis, bei jeder Untersuchung, bei jeder Gestaltung sucht Leibniz nach Zusammenhängen und Wechselbeziehungen, kein Stück der Natur oder des Geisteslebens betrachtet er als von den andern isoliert, alle stehen vielmehr miteinander in Übereinstimmung und Harmonie. Daher kann auch keines von ihnen ohne das andere in seiner vollen Gesetzlichkeit begriffen werden, in jeder einzelnen Monade spiegelt sich das ganze Universum. Dementsprechend gibt es auch nirgends in der Welt scharfe Trennungslinien, jede Grenze ist fließend, überall finden sich stetige Übergänge, ausnahmslos herrscht das Hauptprinzip der Kontinuität.

Diese grundsätzliche Einstellung gibt auch den Schlüssel für die persönliche Haltung, die Leibniz den an ihn herantretenden praktischen Problemen gegenüber einnahm. Bei dringenden Kontroversen auf wirtschaftlichem, religiösem, politischem Gebiet nahm er nie einseitig Partei, stets hatte er Verständnis auch für den andern Standpunkt und eignete sich daher auch vorzüglich für die Rolle eines Vermittlers bei der Abwicklung schwieriger Angelegenheiten, was ihm von übelwollender Seite mehrfach den Vorwurf des Geschäftsgeistes und der Wichtigtuerei, ja der Charakterlosigkeit eintrug, aber mit Unrecht. Wohl war er unermüdlich tätig in seinen Bestrebungen zur geistigen und wirtschaftlichen Zusammenführung der Völker, in der Förderung gegenseitigen Verständnisses, in der Ausgleichung von Mißverständnissen und Widersprüchen, so unter anderm durch seine Versuche zur Einigung der verschiedenen christlichen Bekenntnisse, zur Schaffung einer Weltsprache, zur Gründung wissenschaftlicher Akademien. Aber wenn er zwischen Dogmatismus und Freigeisterei die mittlere Linie einzuhalten strebte, so ist das keineswegs ein Ausfluß lauer oder skeptischer Gesinnung. Niemand war tiefer religiös veranlagt und niemand hat schärfere Worte gegen die Gefahren des Atheismus gefunden als der Verfasser der Theodizee. Und daß er bei allen seinen kosmopolitischen Interessen ein stark ausgeprägtes Nationalgefühl besaß und mit allen Fasern seines

Herzens an seinem deutschen Vaterlande hing, das hat uns erst bei unserer vorjährigen LEIBNIZ-Feier an dieser Stelle Hr. VON FICKER an einer Reihe von einzelnen Belegen eindringlich dargelegt.

Freilich steht dieser einzigartigen Universalität auch ihre verhängnisvolle Kehrseite gegenüber. Es ist eine bekannte Tatsache, daß das Bestreben, eine Sache stets von allen Seiten zu beleuchten und keinen Gesichtspunkt aus dem Auge zu lassen, leicht einen lähmenden Einfluß ausübt auf den Willen zur Innehaltung einer bestimmten Richtung. Es fehlte LEIBNIZ, wie ADOLF VON HARNACK es gelegentlich ausdrückte, an der Kraft der Exklusive, an jener gesunden Einseitigkeit, ohne die es nun einmal nicht möglich ist, durch kräftigen Vorstoß einen durchschlagenden Erfolg zu erzielen, und damit steht wohl der eigentümliche Umstand in Zusammenhang, dessen wir schon anfangs gedachten und der über das äußere Schicksal des großen Mannes den Schleier der Tragik breitete. Je konkreter die Aufgabe war, desto weniger Erfolg war seinen Bemühungen beschieden. Weder auf politischem, noch auf religiösem, noch auf sozialem Gebiet gelang es ihm, irgendeinen seinen hohen Zielen entsprechenden nachhaltigen Fortschritt zu erzielen, zu weit war er überall seiner Zeit voraus.

Eine rühmliche Ausnahme machte die Gründung der Berliner Sozietät der Wissenschaften, die sich dank der hingebenden Arbeit der in ihr tätigen Männer und dank der verständnisvollen Fürsorge der Staatsleitung bis auf den heutigen Tag ihre Bedeutung und ihr Ansehen bewahren konnte — ein Grund mehr für sie, stets mit besonders freudiger Genugtuung dieser Leistung ihres geistigen Schöpfers zu gedenken.

Aber im ganzen lagen seine sichtbaren Erfolge nicht auf speziell organisatorischem, sondern auf allgemein wissenschaftlichem, vornehmlich philosophischem Gebiete. Immer stand dabei im Vordergrund seiner Betrachtungen das Prinzip der Kontinuität und leitete ihn zu Fragestellungen, die noch heute die wissenschaftliche Forschung beschäftigen. In einer der wichtigsten, ja vielleicht in der allerwichtigsten Frage, nämlich derjenigen, welche das Verhältnis des Physischen zum Psychischen betrifft, hat er nach dieser Richtung einen auch für die Gegenwart bedeutungsvollen Fortschritt angebahnt, indem er der Grenzlinie der beiden Gebiete nachging und dabei die Vorgänge im schwachbewußten oder unterbewußten Seelenleben aufdeckte, die petites perceptions, Vorgänge, die noch nicht vollständig zu den bewußten gerechnet werden können, die aber doch dicht an der Schwelle des Bewußtseins liegen und deren ungeheure praktische Bedeutung für alle Willenshandlungen jetzt immer mehr erkannt wird.

Wie verhalten sich nun die Gesetze der physischen zu denen der psychischen Welt? Wie erklärt es sich, daß zwischen dem Ablauf der Vorgänge in der Außenwelt und den Gesetzen unseres Denkens eine so weitgehende Übereinstimmung besteht? Denn von vornherein muß es uns doch als das größte Rätsel erscheinen, wieso es kommt, daß wir Menschen die Fähigkeit besitzen, künftige Ereignisse in der Natur oder auch im Geistesleben anderer Menschen bis zu einem gewissen Grade vorauszusehen, und zwar um so genauer und vollständiger, je genauer und vollständiger wir die zeitlich und räumlich benachbarten Ereignisse kennen. Die oft versuchte Erklärung, daß wir eben einfach unsere eigenen Denkgesetze der Außenwelt aufprägen beziehungsweise ihr anpassen, klingt zwar sehr verheißungsvoll und tiefsinnig, führt aber doch bei weiterer Verfolgung unweigerlich in die Irre. Denn jede Erkenntnistheorie, welche als einzige Richtschnur die formalen Gesetze des Denkens anerkennt und sich darauf beschränkt, diese Gesetze auf die Gegebenheiten des Erlebens anzuwenden, muß in letzter Linie stets bei einem unvernünftigen Solipsismus enden. Das ist ein positiver Tatbestand, dessen grundlegende Bedeutung für die Philosophie niemals scharf genug betont werden kann und der gegenüber den unaufhörlichen gegenteiligen Bemühungen immer wieder aufs neue in allen Einzelheiten klargelegt zu werden verdient. Denn nur von da aus läßt sich eine sachgemäße Einstellung zu den Hauptproblemen der Erkenntnistheorie gewinnen.

So bleibt die einfache Tatsache der Übereinstimmung der Denkgesetze mit den Naturgesetzen als ein ewig wunderbares Geheimnis bestehen, dessen Reiz den forschenden Menschengeist unaufhörlich zu Bemühungen antreiben wird, seinen Inhalt der Anschauung näherzubringen. Die Stellung, die LEIBNIZ ihm gegenüber einnahm, hat er selber in seinem berühmten Gleichnis mit den beiden gleichgehenden Uhren sinnfällig dargelegt.

Wie können wir es begreifen, wenn zwei verschiedene Uhren in ihrem Gang für alle Zeiten absolut genau übereinstimmen? Er sieht dafür drei Möglichkeiten: 1. Die Uhrwerke sind miteinander so eng gekoppelt, daß sie sich in ihrem Gang gegenseitig beeinflussen und dadurch regulieren. 2. Die Uhrwerke sind unabhängig voneinander, aber es steht ein Uhrmacher dabei, der auf ihren Gang aufpaßt und sie fortwährend korrigiert. 3. Die Uhrwerke sind unabhängig voneinander und werden auch von niemand kontrolliert. Aber sie sind von vornherein so genau gearbeitet, daß sie keiner Korrektur bedürfen und aus innerer Notwendigkeit für immer gleichmäßig gehen.

LEIBNIZ entscheidet sich für die dritte Möglichkeit und formuliert damit das Prinzip der prästabilierten Harmonie zwischen Seele und Leib. Danach sind direkte Wechselwirkungen immer nur scheinbar, die Monaden haben keine Fenster, jede entwickelt sich nach ihren eigenen Gesetzen; aber diese Gesetze sind von vornherein so beschaffen, daß sie miteinander übereinstimmen. Der hier zugrunde gelegte Gedanke, welcher alle Kausalität an den Anfang verlegt, führt naturgemäß zu der Voraussetzung einer von vornherein waltenden allumfassenden Vernunft, eines göttlichen Schöpfers, in dem sich die höchste Kraft der Erkenntnis: die absolute Weisheit, mit der höchsten Kraft des Willens: der absoluten Gerechtigkeit und Güte, vereinigt. Und der Plan der Schöpfung gipfelt in dem Hauptsatz der Theodizee, daß unter allen von vornherein möglichen Welten die wirkliche Welt die beste ist.

Dieser Satz mag uns heute, da es immer schwerer fällt, in der Richtung der Menschheitsentwicklung einen vernünftigen Sinn zu finden, ob seiner Kühnheit fast grotesk anmuten. Ob Leibniz ihn gegenüber den Geschehnissen der Gegenwart, den Schrecken des Weltkrieges, dem allgemeinen gegenseitigen Mißtrauen und dem ins Unabsehbare sich steigernden Wettrüsten der Völker noch aufrechterhalten würde? Wir müßten diese Frage auch dann bejahen, wenn wir nicht wüßten, daß Leibniz weder durch die grauenvollen Verwüstungen des Dreißigjährigen Krieges, in dessen Zeit seine ersten beiden Lebensjahre noch hineinreichen, noch durch die darauffolgende tiefe Erniedrigung seines Vaterlandes sich in seiner Weltanschauung irremachen ließ. Denn entscheidend ist allein der Umstand, daß der Inhalt der Theodizee sich aus der Geschichte überhaupt weder bestätigen noch widerlegen läßt. Er stellt sich vielmehr dar nicht als Ergebnis irgendwelcher Erfahrungen, sondern er bildet die Voraussetzung und den Ausgangspunkt der Leibnizschen Weltanschauung. Nach ihr läßt sich jeder scheinbare Widerspruch, jedes Leid, jede Ungerechtigkeit, die in der Welt vorkommt, immer darauf zurückführen, daß unser beschränkter menschlicher Verstand nicht fähig ist, den ganzen Zusammenhang zu erkennen, in welchem das einzelne Ereignis zu dem gesamten Schöpfungsplan steht. Wie durch Zerstörung eines einzelnen Teiles das Ganze gefördert werden kann, so vermag ein lokales Übel zur Verbesserung und Vervollkommnung der Allgemeinheit beizutragen. Es ist auch wohl nicht reiner Zufall, daß die Theodizee das einzige größere philosophische Werk ist, welches Leibniz selbst vollendet und herausgegeben hat. In andern Fragen blieb er zeitlebens ein Suchender und gelangte nicht zu einem endgültigen Abschluß;

hier dagegen fühlte er sich von vornherein auf festem Boden, auf dem Boden der grundsätzlichen Lebensbejahung, aus dem er immer wieder in allen seinen vielen geistigen und körperlichen Nöten Kraft und Nahrung zog, auch in diesem Sinn ein Vorbild für alle, die nach ihm kommen, und nicht zuletzt für seine Akademie.

AUS DER ARBEIT

DES MITGLIEDS UND SEKRETARS:

WAHLANTRÄGE FÜR

HEINRICH RUBENS

UND

MAX VON LAUE

1907

1920

Die Unterzeichneten beehren sich, Herrn Dr. Heinrich Rubens, Professor der Physik und Direktor des physikalischen Instituts an der hiesigen Universität, zum ordentlichen Mitglied der Akademie vorzuschlagen.

Rubens ist geboren am 30 März 1865 in Wiesbaden. Er studierte an der technischen Hochschule in Darmstadt, dann an den Universitäten Berlin u. Straßburg, promovierte 1889 u. habilitierte sich 1892 an der hiesigen Universität, wurde 1895 Dozent und 1900 etatmäßiger Professor an der technischen Hochschule in Charlottenburg. Nach dem Tode Paul Drude's im Sommer vorigen Jahres wurde er auf den Vorschlag der Philosophischen Fakultät zum als dessen Nachfolger in das erledigte Ordinariat u. zur Leitung des physikalischen Instituts berufen —

Obwohl Rubens einen beträchtlichen
Theil seiner Lern- u. Lehrjahre auf
einer technischen Hochschule verbracht hat, wenn
seine ~~eigentlichen~~ physikalischen Interessen doch später
auf rein wissenschaftliche Ziele gerichtet;
so zeigt er in seinen Arbeiten
die eigenthümlichen Vorzüge der Kundt'schen
Schule, unter deren Jüngern er als der
hervorragendste gelten kann: nämlich ein
frisches Eindringen in bisher unbebaute
Gebiete der Experimentalphysik, u. dabei
eine, mit allen Mitteln der modernen
Experimentirkunst möglichst weit getriebene
Präcision u. Sauberkeit in der Isolirung
der zu prüfenden Phänomene, bis zur

vollständigen Erledigung aller damit verknüpften Fragen.

Sein spezielles Arbeitsgebiet war von Anfang an die Lehre von den optischen und elektrischen Schwingungen. Die Dissertation (1889) behandelt die selektive Reflexion der Metalle; darauf folgte die Messung stehender Hertz'scher Wellen mit dem Bolometer, und in Gemeinschaft mit Leo Arons die der Fortpflanzungsgeschwindigkeit elektrischer Wellen in isolierenden Flüssigkeiten, in welcher Arbeit der Nachweis geliefert wurde, daß für Hertz'sche Wellen die Maxwell'sche Beziehung zwischen dem Brechungsexponenten und der Dielektrizitätskonstanten viel besser erfüllt ist als für die optischen Wellen. Nicht minder interessante und zum Theil heute noch nicht vollständig aufgeklärte Resultate ergaben die zusammen mit H. du Bois ausgeführten Untersuchungen über die Brechung und Dispersion des Lichts in Metallen, und über die Polarisation ultraroter Strahlen durch Metallgitter.

Eine physikalische Entdeckung ersten Ranges machte Rubens durch die erstmalige Darstellung der nach ihm so genannten „Reststrahlen", ultraroter Wärmestrahlen, welche aus einer intensiven Strahlungsquelle, z.B. einem Auerbrenner, erhalten wurden durch mehrmalige selektive Reflexion an geeigneten Kristallflächen. Diese auf Grund theoretischer Überlegungen unternommenen Versuche wurden zuletzt ausgedehnt auf Flußspat, Steinsalz und Sylvin, u. lieferten im letzten Falle Wärmestrahlen von nicht weniger als 61 μ

Wellenlänge, so daß hierdurch die große Lücke, welche zwischen den schnellsten Hertzschen Schwingungen und den langsamsten Wärmeschwingungen besteht, um mehrere Oktaven verengert erscheint.

Doch hat sich Rubens nicht damit begnügt, die Physik um diese neuen eigenartigen Schwingungen zu bereichern, sondern er hat auch ihre Eigenthümlichkeiten verwerthet, um nach verschiedenen Richtungen hin wichtige Folgerungen prinzipieller Natur daraus abzuleiten. Zunächst hat er durch eine Reihe sorgfältiger, zum größten Theil in gemeinsamer Arbeit mit seinen Schülern durchgeführter Messungsreihen die Helmholtz-Kettelersche Dispersionstheorie an den Reststrahlen geprüft und sie mit der zu erwartenden Genauigkeit bestätigt gefunden, so daß die ältere Cauchysche Theorie als definitiv überwunden zu betrachten ist. Sodann hat er durch äußerst mühsame Konstruktion sehr kleiner regelmäßig angeordneter isolierte Wellenstreifen und durch die Beobachtung ihrer Wirkung auf die Reststrahlen die Vorgänge im Großen nachgeahmt, welche beim Auftreffen elektrischer Wellen auf die schwingungsfähigen Körpermolekeln im Kleinen entstehen. Der Bericht hierüber ist in den Sitz. ber. unserer Akademie (1896) veröffentlicht. Er hat ferner in Gemeinschaft mit F. Kurlbaum die für die Theorie der Wärmestrahlung wichtigen Gesetze der Emission eines schwarzen Körpers für die längsten herstellbaren Wärmewellen festgestellt.

Das unmittelbarste Aufsehen aber erregten seine zusammen mit E. Hagen ausgeführten Messungen des Reflexionsvermögens der Metalle, besonders für lange Wellen. Denn in diesen Versuchen führte die schon öfter, aber bis dahin stets mit negativem Erfolge angestellte Vergleichung der Maxwellschen Lichttheorie mit der experimentellen Metalloptik zu einer genauen quantitativen Übereinstimmung zwischen Theorie u. Experiment für hinreichend lange Wellen, u. in Folge dieser Feststellung hat sich das bisherige Schmerzenskind der Maxwellschen Theorie zu einem ihrer stolzesten Sprößlinge entwickelt.

Nicht unerwähnt dürfen die zahlreichen Verbesserungen u. Neukonstruktionen bleiben, die Rubens bei verschiedenen Gelegenheiten an physikalischen Präcisionsapparaten angebracht hat. Hier seien nur genannt die Einrichtung des Bolometers für elektrische Messungen, das Vibrationsgalvanometer, die Aufstellung u. Anpassung eines unempfindlichen Spiegelgalvanometers, Verbesserungen an der Thermosäule, das zusammen mit H du Bois construirte Panzergalvanometer. Zu Schließlich sei noch genannt ein in neuerer Zeit von ihm construirter Apparat, um minimale periodische Luftdruckschwankungen mittelst Manometerflammen sichtbar zu machen, — Demonstrationsversuche, die durch ihre augenfällige Schönheit im In- und Ausland berechtigten Beifall gefunden haben.

Wenn Rubens sich bei vielen seiner Spezialuntersuchungen, deren experimenteller Teil oft großen Aufwand an Mühe u. Zeit erfordert, gern der Hülfe von Mitarbeitern bedient, so erscheint dadurch seine Begabung, Fachgenossen zu selbständiger Thätigkeit anzuregen, in besonders hellem Licht gerückt. Ihr entspricht auch das bei ihm vorhandene Interesse für den internationalen Betrieb seiner Wissenschaft

Berlin, 6.6 07

Planck.
Warburg.
Nernst.
Frobenius
Schottky

Berlin, 11 Mai 1920.

Die Unterzeichneten beehren sich, die Wahl des ordentlichen Professors der theoretischen Physik an der Universität Berlin, Dr. Max von Laue, zum ordentlichen Mitglied der phys. math. Klasse in eine der beiden zur Zeit unbesetzten „freien Stellen der Statuten von 1881" in Vorschlag zu bringen.

Dr. M. v. Laue, geb. am 9. 10. 1879 in Ehrenbreitstein, erhielt seine wissenschaftliche Ausbildung an den Universitäten Straßburg, Göttingen, München und Berlin, woselbst er im Juli 1903 promovierte, mit einer theoretischen Untersuchung über Interferenzerscheinungen an planparallelen Platten. Mit dieser Arbeit, in welcher er durch eine eindringende kritische Analyse die Tragweite der aus interferometrischen Messungen abzuleitenden Schlüsse systematisch untersuchte und nach allen Richtungen klarstellte, wurde er schon auf das Gebiet geführt, auf dem ihm später seine größten Erfolge erwachsen sollten.

Nach seiner Habilitation an der hiesigen Universität wandte er sich nach München, und dort gelang ihm die Verwirklichung einer Idee, mit der er sich schon Jahre vorher getragen hatte und die er mit der ihm eigenen zähen Energie, sowohl bei der Überwindung der damals nicht unerheblichen experimentellen Schwierigkeiten als auch gegenüber dem skeptischen Urteil mancher Fachgenossen unbeirrt festhielt: der Idee, daß es möglich sein müsse, wie die Lichtwellen durch künstliche ebene Liniengitter, so auch die viel kürzerwelligen Röntgenstrahlen durch die entsprechend feineren natürlichen Raumgitter, wie sie jedes Kristall darbietet, zur merklichen Interferenz zu bringen.

Durch diese Entdeckung, welche der von H. Hertz vollzogenen Erweiterung des Spektrums nach der entgegengesetzten Seite der langen Wellen ebenbürtig an die Seite tritt und wie diese der Ausgangspunkt eines ganz neuen Zweiges der Physik, der Röntgenspektroskopie, geworden ist, war der Weltruf Laue's begründet und ihm ein Ehrenplatz in der Reihe der führenden Physiker gesichert.

Bald folgte er einem Ruf als Extraordinarius nach Zürich, hierauf einem solchen als Ordinarius nach Frankfurt, von wo er im Herbst vorigen Jahres nach Berlin übersiedelte. Wenn auch seine weitere wissenschaftliche Tätigkeit in erster Linie dem Ausbau des von ihm erschlossenen Gebietes galt, so führte ihn doch seine vielseitige mathematisch-physikalische Bildung und sein Bedürfnis, allen Problemen bis auf den letzten erreichbaren Grund zu gehen, auch auf andere Gebiete seiner Wissenschaft. Insbesondere hat er zur Anwendung der Thermodynamik und der Statistik auf Energiestrahlung und Elektronentheorie in zahlreichen Einzelabhandlungen wichtige Beiträge geliefert und auch eine originelle, namentlich für Physiker wertvolle Darstellung der Einsteinschen Relativitätstheorie ausgearbeitet. Laue's Eintritt in die Akademie würde in der gesamten physikalischen Welt als eine wohlverdiente, selbstverständliche Anerkennung der Bedeutung seiner wissenschaftlichen Persönlichkeit aufgenommen werden.

Planck.
E. Warburg
Rubens
Nernst.
Liebisch.
Erhard Schmidt
A. Einstein

AUS DER ZEITSCHRIFT
»DIE NATURWISSENSCHAFTEN«
VOM 26. APRIL 1918

Plancks sechzigster Geburtstag bietet der deutschen Physik eine erwünschte Gelegenheit, sich bewußt zu werden, wieviel sie diesem klaren und kühnen Geiste verdankt. Unter dem Einfluß seiner großen Entdeckung, der Quantentheorie, die er uns an der Schwelle des zwanzigsten Jahrhunderts beschert hat, gestaltet sich die Physik unseres Jahrhunderts in steigendem Maße zu einer Physik der Quanten. Wir sehen heute klar, daß die feinsten Fragen der Atomistik und die allgemeinsten Eigenschaften der Materie in dem Planckschen Quantenbegriff wurzeln; kein Kundiger wird im Zweifel darüber sein, daß er das Plancksche Wirkungsquantum, neben der Lichtgeschwindigkeit, der Gravitationskonstanten und neben der Ladung und Masse des Elektrons, zu den wichtigsten Naturkonstanten der heutigen Wissenschaft zu zählen hat.

Max Planck ist geboren zu Kiel am 23. April 1858. Sein Vater, ein angesehener Professor der Rechte, wurde 1867 von Kiel an die Universität München berufen und spielte daselbst als Vertrauensmann seiner Kollegen im Verwaltungsausschuß der Universität bis zu seinem Lebensende eine bedeutsame Rolle. Auch ein Oheim Plancks war Jurist: der ehrwürdige, früh erblindete Schöpfer des Deutschen Bürgerlichen Gesetzbuches, Professor der Rechte in Göttingen. Der Großvater dieser Plancks wirkte ebenfalls an der Universität Göttingen; ursprünglich schwäbischer Geistlicher, wurde er dorthin als Professor der Theologie berufen.

Max Planck hat nicht nur seine Jugend in München verlebt, sondern vollendete hier auch seine Universitätsstudien und war 1880 bis 1885 Privatdozent der theoretischen Physik an der Münchener Universität. Bei seiner Berufswahl soll er geschwankt haben zwischen Physik und Musik. Wir dürfen uns heute beglückwünschen, daß er die Physik endgültig zur Lebensaufgabe gewählt hat. Die Musik ist ihm ohnehin als Quelle der Erfrischung und Verjüngung nach arbeitsreichen Stunden unverloren geblieben. Einen literarischen Niederschlag seiner tiefgehenden musikalischen Interessen haben wir in der Abhandlung (24)[1] über das rein gestimmte Harmonium. PLANCK spielt nicht nur meisterhaft Klavier, sondern beherrscht auch jenes vieltastige, auf Veranlassung von HELMHOLTZ gebaute und im physikalischen Institut der Berliner Universität aufgestellte Harmonium. Ein anderer Jungborn ist ihm die Bergwelt; PLANCK hat bisher jeden Sommer große und schwierige Bergbesteigungen unternommen.

Die wissenschaftliche Persönlichkeit PLANCKs wurzelt in der Thermodynamik. Schon seine Dissertation (1), München 1879, ist dem zweiten Hauptsatz der mechanischen Wärmetheorie gewidmet. Er unterscheidet hier die physikalischen Prozesse in solche, für die die Natur eine Vorliebe hat (irreversible Prozesse), und solche, gegen die sie sich indifferent verhält (reversible Prozesse). In einer späteren Arbeit (25) bezeichnet er als Kern des zweiten Hauptsatzes geradezu die Tatsache, daß es überhaupt irreversible Prozesse gibt. Die Dissertation des Einundzwanzigjährigen macht einen ausgesprochen jugendlichen und enthusiastischen Eindruck und zeichnet den Weg vor, auf dem sich PLANCKs Gedankengänge für mehr als ein Jahrzehnt bewegen sollten.

Auch die Habilitationsschrift (2), München 1880, »Gleichgewichtszustände isotroper Körper in verschiedenen Temperaturen«, betrifft die Thermodynamik, ebenso wie die ganze Folge von Arbeiten bis zum Jahre 1893, (3) bis (23), unter denen die vier großen Abhandlungen »Über das Prinzip der Vermehrung der Entropie« (8), (9), (10), (20) hervorzuheben sind. Als Göttinger Preisschrift gekrönt wurde die Monographie: »Das Prinzip der Erhaltung der Energie« (7). Ursprünglich im Ladenburgschen Handwörterbuch der Chemie und dann als selbständige Schrift erschien 1893 der »Grundriß der allgemeinen Thermochemie« (26).

[1] Die Zahlen beziehen sich auf die entsprechenden Nummern des Schriftenverzeichnisses (S. 185 ff.).

Plancks thermodynamische Arbeiten gehen in erster Linie auf die Klärung der Begriffe und verfolgen vielfach die methodischen Fragen (55), (57): Wieviel läßt sich aus der reinen Thermodynamik, also mit apodiktischer Gewißheit ableiten? An welchen Stellen treten neue Hypothesen physikalischen oder chemischen Ursprungs hinzu? Sind idealisierte Prozesse, die mit unwirklichen Zuständen operieren, thermodynamisch beweiskräftig? Um den Inhalt der thermodynamischen Hauptsätze auszuschöpfen, bevorzugt Planck, ebenso wie Gibbs, die Methode der thermodynamischen Potentiale gegenüber der Verwendung eigens ersonnener Kreisprozesse, die in den Darstellungen der Chemiker vorwiegen. Offenbar entspricht der axiomatische Charakter des thermodynamischen Schlusses in besonderem Maße Plancks intellektuellen Neigungen.

Von seinem allgemeinen thermodynamischen Standpunkte aus wurde Planck mit Notwendigkeit zu den wichtigsten Errungenschaften der physikalischen Chemie hingeleitet, die, auf ganz anderen Wegen gewonnen, eben damals hervorschossen. Planck leitete das Massenwirkungsgesetz von Guldberg und Waage für gasförmige Systeme ab (9), (10), er beleuchtete die Theorie der verdünnten Lösungen von van't Hoff, faßte den Begriff des osmotischen Druckes thermodynamisch (10), (16), und er wurde, von den Tatsachen der Dampfspannungs- und Gefrierpunktserniedrigung und in konsequenter Verfolgung thermodynamischer Forderungen, auf die Dissoziationstheorie geführt. Sein Verhältnis zu den gleichzeitigen Arbeiten von Arrhenius, die in bezug auf das Tatsachenmaterial natürlich viel weiter gingen, schildert er selbst (12) wie folgt: »Inzwischen ist von S. Arrhenius ein Aufsatz über die Dissoziation der in Wasser gelösten Stoffe erschienen, in welchem der Verfasser ganz denselben Gedanken ausspricht und für eine Reihe wäßriger Lösungen nach verschiedenen Richtungen durchführt. Wenn auch die Grundlage seiner Ausführungen: die durchgreifende Analogie, die er für das Verhalten des osmotischen Druckes in verdünnten Lösungen mit dem des Druckes vollkommener Gase festsetzt, wohl noch nicht den Rang eines vollgültigen Beweises beanspruchen dürfte, so scheint mir doch der Umstand, daß ganz unabhängig von den rein theoretischen Erörterungen die nämlichen Ideen von chemischer Seite angeregt und durch die verschiedenartigsten Gründe unterstützt werden, ein Anzeichen dafür zu sein, daß auch in diesem Falle wieder die Forderungen des zweiten Hauptsatzes der Wärmetheorie mit der Zeit eine durchgehende Anerkennung finden werden.«

Als Abschluß seiner thermodynamischen Periode hat uns Planck in seinen »Vorlesungen über Thermodynamik« 1897 das zuverlässigste und durchdachteste Lehrbuch dieser Wissenschaft geschenkt; der große Einfluß desselben auf Physiker und Chemiker geht schon aus der Anzahl seiner Auflagen (5. Auflage 1917) hervor. Unter Ausschaltung aller statistischer und kinetischer Vorstellungen verfolgt es den thermodynamischen Gedanken in größter Reinheit bis zu seiner jüngsten Wendung im Nernstschen Wärmetheorem. Vielleicht darf bei dieser Gelegenheit angemerkt werden, daß die einfache und am weitesten gehende Fassung dieses Theorems (Verschwinden der Entropie im absoluten Nullpunkte), die Planck 1910 in der dritten Auflage der Thermodynamik zuerst veröffentlicht hat, dem Schreiber dieser Zeilen schon von Minkowski kurz vor dessen Tode mitgeteilt wurde.

Auf die Grenze zwischen der thermodynamischen und der elektrodynamischen Periode Plancks fiel der Streit um die Energetik und ihr Verhältnis zur Mechanik (Lübecker Naturforscherversammlung 1895). Neben dem eigentlichen Rufer im Streit, Boltzmann, hat auch Planck eine scharfe Absage »Gegen die neuere Energetik« (30) verfaßt. Wenn auch seinen ursprünglichen thermodynamischen Neigungen die Voranstellung des Energiebegriffes zusagen mußte (7), so konnte doch seinem klaren Urteil die mathematische und logische Schwäche der energetischen Ansprüche nicht entgehen. Diese Stellungnahme Plancks im Jahre 1896 ist um so bemerkenswerter, als er damals den Übergang zur atomistisch-statistischen Denkweise innerlich noch nicht vollzogen hatte. Später hat ja gerade PLANCK wie kein anderer für die Verbreitung und Vertiefung der BOLTZMANNschen statistischen Ideen gewirkt, insbesondere durch die Berechnung der Konstanten k des BOLTZMANNschen Prinzips aus den strahlungstheoretischen Daten und durch seine klassisch-einfache Ableitung der Zustandsgleichung idealer einatomiger Gase aus dem H-Theorem (56), die in dem Lehrbuch der Wärmestrahlung an bevorzugter Stelle als Vorbild für die Ableitung des Strahlungsgesetzes aufgenommen worden ist.

PLANCK hatte 1885 bis 1889 die theoretische Physik in seiner Vaterstadt Kiel vertreten und war dann durch das besondere Vertrauen von HELMHOLTZ, der die Bedeutung des jungen Gelehrten früh erkannte, als Nachfolger KIRCHHOFFS an die Berliner Universität berufen worden.

Inzwischen hatte, durch MAXWELL und HERTZ verjüngt, die Elektrodynamik die führende Rolle in der Naturerkenntnis übernommen. Anschließend an die Arbeiten WILLY WIEN stellte sich PLANCK das Programm, auf dem Gebiete der Strahlungstheorie die Elektrodynamik mit den thermodynamischen Prinzipien zu durchdringen. Dies Programm hat er, vom Jahre 1896 ab, mit seltenem Zielbewußtsein und Erfolge durchgeführt. Die ganze Reihe der Abhandlungen, (32) bis (51), dienen ausschließlich dieser als notwendig und zeitgemäß erkannten Entwicklungsphase des wissenschaftlichen Gedankens. Es ist ein schönes Beispiel wissenschaftlicher Konzentration, wie PLANCK während einer Reihe von Jahren, nicht rechts und links blickend, sein Ziel im Auge behielt. Die gleichzeitigen Messungen der Physikalisch-technischen Reichsanstalt gaben ihm dabei die Möglichkeit, seine theoretischen Ergebnisse an der Erfahrung zu prüfen. Das Endresultat war das Gesetz der »schwarzen Strahlung«, der »Energieverteilung im Normalspektrum« (44), (50), das seitdem als »PLANCKsches Strahlungsgesetz« weltberühmt geworden ist und sich bei allen späteren Strahlungsmessungen glänzend bewährt hat.

Der Weg, der zur Entdeckung des Strahlungsgesetzes geführt hat, war kein ganz gerader. PLANCK glaubte zunächst, aus seiner Theorie auf das vorher von W. WIEN aufgestellte Strahlungsgesetz schließen zu sollen, welches nur einen Grenzfall (für tiefe Temperaturen oder kleine Wellenlängen) des allgemeinen Strahlungsgesetzes darstellt. Der andere Grenzfall (für hohe Temperaturen oder große Wellenlängen), die sog. RAYLEIGHsche Strahlungsformel, die sich vom Standpunkte der statistischen Theorie eigentlich zuerst hätte darbieten sollen, lag damals PLANCK (ebenso wie WIEN) fern und wurde erst durch die Messungen der Reichsanstalt (LUMMER-PRINGSHEIM und RUBENS-KURLBAUM) zu Ansehen gebracht. »Der wichtigste und zugleich schwierigste Punkt der Untersuchung lag in dem Nachweis, daß eine durch den jeweiligen physikalischen Zustand des Systems vollkommen bestimmte Größe existiert, welche die Eigenschaft besitzt, bei allen in dem System sich abspielenden Vorgängen sich immer nur in einem bestimmten Sinne zu ändern, also, je nach der Definition ihres Vorzeichens, immer nur zu wachsen oder immer abzunehmen. Sobald eine derartige Funktion des Zustandes sich angeben läßt, ist zugleich auch der Nachweis geliefert, daß die physikalischen Vorgänge in dem System einseitig, irreversibel verlaufen und daß sie beständig einem gewissen Endzustand, dem stationären Zustand, zustreben, welcher erreicht ist, wenn jene Funktion ihr absolutes Maximum bzw. Minimum annimmt« (50). Es ist verständlich, daß das Suchen nach dem elektrodynamischen Analogon der thermodynamischen Entropie zunächst ein Tasten zwischen verschiedenen Möglichkeiten sein mußte und der Unterstützung durch die Erfahrung bedurfte. Immerhin waren durch PLANCKS konsequente Durchforschung des Gebietes die Möglichkeiten so eingeschränkt, daß er gewissermaßen mit dem zweiten Griff die endgültige Lösung faßte.

Noch wichtiger aber als das Strahlungsgesetz selbst sollte die Deutung werden, die PLANCK kurz darauf in einem Vortrag in der Deutschen Physikalischen Gesellschaft am 14. Dezember

1900 (47), (48) der Ableitung des Strahlungsgesetzes untergelegt hat. In der Tat: dieses Datum ist der Geburtstag der Quanten, zunächst der Energiequanten. PLANCK teilt die Strahlungsenergie des Schwingungsbereiches (ν, dν) in Einheiten von der Größe hν und wendet auf diese die abzählenden Methoden BOLTZMANNS an. Damit war der Wissenschaft eine Aufgabe gestellt, die sie noch lange in Atem halten wird, die Aufgabe, die Forderung der Statistik nach einer scheinbar diskontinuierlichen Energiestruktur zu versöhnen mit der durchaus kontinuierlichen Ausbreitung der Energie im gesamten Erfahrungsgebiete der Elektrizität und ganz besonders in dem der Optik.

Die Quanten führten zunächst ein ziemlich stilles, auf das Gebiet der Wärmestrahlung zurückgezogenes Dasein. PLANCK selbst wandte sich fürs erste anderen Arbeitsgebieten zu, auf die wir noch zurückkommen werden, und kehrte erst zehn Jahre später, im Jahre 1911, zu den Quanten zurück. Offenbar fühlte er das Bedürfnis, zunächst den nötigen Abstand und eine größere Unbefangenheit gegenüber seinen bisherigen Gedankengängen zu gewinnen. Diese selbst stellte er 1906 in musterhafter Weise dar in seinen »Vorlesungen über die Theorie der Wärmestrahlung« (69). Wir verfolgen hier zunächst in kurzer Übersicht die Entwicklungsgeschichte der Quanten, wie sie sich, anfangs unabhängig von PLANCK, sodann unter dem Einfluß seines Eingreifens vollzogen hat.

Neues Leben bekamen die Quanten durch EINSTEIN 1907. Er übertrug die Temperaturabhängigkeit der PLANCKschen Resonatorenergie auf den Wärmeinhalt der festen Körper überhaupt und konnte dadurch die Anomalien in der spezifischen Wärme der Körper befriedigend darstellen. Seitdem haben sich die Quanten überall bewährt, wo es die Erforschung der physikalischen Erscheinungen bei tiefen Temperaturen galt. Zunächst auf dem Gebiete der festen Körper in den großen Untersuchungen von NERNST über die spezifischen Wärmen, sodann in der Gastheorie bei der quantenhaften Entartung des zweiatomigen Wasserstoffs zu einem einatomigen Gase. Aber auch die Entartung des elektrischen Widerstandes (die Hyperkonduktibilität der Metalle) und die Änderung der magnetischen Eigenschaften der Körper bei tiefsten Temperaturen weisen, wenn auch in vorläufig noch dunkler Form, die Wirksamkeit der Quanten auf.

Die universelle Bedeutung der Quanten wurde deutlicher, als weiterhin auch die reinen Strahlungsphänomene, unabhängig von jeder Temperaturskala, ihren Zusammenhang mit den PLANCKschen Quanten zeigten. Das erste Beispiel lieferte der lichtelektrische Effekt (EINSTEIN 1905) und im Röntgengebiete die sekundären Kathodenstrahlen. Auch die STOKESsche Regel der Fluoreszenz konnte EINSTEIN durch die Quantenvorstellung verständlicher machen. STARK wurde durch die Quantentheorie zu fruchtbaren experimentellen Fragestellungen angeregt. In der Ausbeute der photochemischen Reaktionen zeigten sich die Energiequanten ebenfalls an. Daß die Härte der Röntgenstrahlen durch Quantengesetze geregelt wird, ist lange vermutet und heutzutage dadurch sichergestellt, daß das Wirkungsquantum h mit großer Schärfe aus der kurzwelligen Grenze des Röntgenspektrums experimentell bestimmt werden kann.

Im Verlaufe dieser Untersuchungen war der Nachdruck mehr und mehr verschoben von den Energiequanten $h\nu$ auf das Wirkungsquantum h. Hier nun griff PLANCK, dessen Augenmerk von jeher mehr auf Erfassung der prinzipiellen Zusammenhänge als auf Erklärung der einzelnen Erfahrungstatsachen gerichtet war, in die Quantendiskussion erneut ein. In seinem Vortrage (92) auf dem Solvay-Kongreß 1911 faßte er das Wirkungsquantum als den Elementarbereich der Wahrscheinlichkeit in der Zustandsebene (p, q) des Resonators auf und gewann von hier aus (101) einen direkten Zugang zum NERNSTschen Wärmetheorem und zur Nullpunktsentropie der Gase (116). Zugleich ging er von seiner Hypothese der Quantenabsorption und -emission über zu der neuen Quantenhypothese: kontinuierliche Absorption verbunden mit diskontinuierlicher Quantenemission (90), (91). Diese »zweite PLANCKsche Quantenhypothese« ergab sich als einziger Ausweg aus den logischen und erfahrungsmäßigen

Schwierigkeiten, welche mit der ungeteilten Absorption eines ganzen Energiequantums, insbesondere im Röntgengebiete und im optischen Gebiete bei starker Verdünnung der Lichtenergie, verbunden waren. Der zweiten Quantenhypothese entspricht die zweite Auflage der »Wärmestrahlung« 1913, in der der neue Standpunkt konsequent durchgeführt wird. Die Akten über die neue Quantenhypothese sind noch nicht geschlossen und werden auch von PLANCK nicht als abgeschlossen angesehen. Viele Physiker neigen nach dem Grundsatz »credo quia absurdum« mehr der ursprünglichen Quantenhypothese zu, während sie die neue Quantenhypothese als einen abgeschwächten Kompromiß ansehen. Man darf aber nicht übersehen, daß die neueste Evolution der Quantentheorie im BOHRschen Atommodell auffallende Züge gemein hat mit der zweiten PLANCKschen Hypothese, nämlich die Strahlungsfreiheit des Oszillators (oder Rotators) in seinem allgemeinen Verhalten und die diskrete Quantenausstrahlung in besonderen Zuständen; auch die Nullpunktsenergie, aus der in der zweiten PLANCKschen Hypothese die diskrete Emission gespeist werden muß, findet eine gewisse Bestätigung in dem Verhalten BOHRscher Atome und in ihrer von der Temperatur unabhängigen inneren Eigenbewegung. Übrigens hat PLANCK neuerdings das Hilfsmittel seines Oszillators bei der Untersuchung der schwarzen Strahlung aufgegeben und bevorzugt das der Wirklichkeit näherstehende Bild des Rotators (115), (123), (124), mit welchem er die für die Quantentheorie charakteristischen Beobachtungen gewisser Absorptionsbanden diskutieren kann.

Die ganze Bedeutung der Quantentheorie für die Grundtatsachen der Physik und Chemie wurde aber erst 1913 klar, als NIELS BOHR seine Theorie der Spektren und der Atome veröffentlichte. Wir wollen gewiß nicht den Anteil der RUTHERFORDschen Kerntheorie an dem Erfolge des BOHRschen Modelles unterschätzen und noch weniger die eigenen Leistungen BOHRS. Aber als eigentliches Fundament der BOHRschen Theorie müssen wir doch die PLANCKsche Quantenschöpfung ansehen. In dieser

Überzeugung habe ich als Titel meiner diesbezüglichen Annalenarbeit absichtlich gewählt: »Zur Quantentheorie der Spektrallinien«, und ich war angenehm überrascht, denselben Titel über der zurzeit letzten Arbeit aus der Feder BOHRS zu lesen: »On the quantum theory of spectral lines«. Durch die BOHRsche Theorie wird die früher rätselhafte RYDBERG-RITZsche Konstante auf das PLANCKsche h zurückgeführt, wird der Aufbau der Atome quantenhaft begründet und die spektrale Ausstrahlung als Quantenemission erkannt. In den ersten Zeiten der Quantentheorie stellte man wohl die Aufgabe, das PLANCKsche h aus den Tatsachen des Atomismus zu verstehen. Wir sehen jetzt deutlich, daß die Aufgabe umzukehren ist: »Man soll nicht das h aus den Abmessungen der Atome ableiten, sondern man soll die Existenz der Atome als Folge der Existenz des Wirkungsquantums ansehen« (wie ich 1911 auf dem Solvay-Kongreß aussprach).

Über BOHR hinausgehend hat PLANCK selbst (113), (117) im Jahre 1916 gleichzeitig und in voller Übereinstimmung mit dem Verfasser dieser Zeilen diejenige allgemeine Formulierung der Quantengesetze für Systeme mehrerer Freiheitsgrade entwickelt, die zur feineren Theorie der Spektren erforderlich ist. Der allgemeine Standpunkt von der Überlegenheit des Wirkungsquantums über die Energiequanten bewährt sich dabei vollständig; an die Stelle der Phasenebene (p, q) und ihrer Wahrscheinlichkeitsbereiche tritt der Phasenraum und seine Strukturierung; die Energiequanten gibt es nurmehr im Spezialfalle des periodischen Oszillators. Seitdem hat sich das Anwendungsgebiet der Quanten ins Unbegrenzte erweitert. Es genüge, an die elektrische Zerlegung der Spektrallinien (Starkeffekt) und an die diskontinuierlich auftretenden Geschwindigkeiten der β-Strahlen zu erinnern. Diese Erscheinungen bleiben ohne die Quantentheorie unverständlich, werden aber durch dieselbe nach EPSTEIN bis in alle numerischen Einzelheiten wiedergegeben. Wenn die Welt erst wieder zu wissenschaftlicher Sammlung Zeit und Ruhe finden wird, sehen wir den größten wissenschaftlichen Überraschungen entgegen, die aus der Verbindung von Quantentheorie und Atomismus erwachsen werden.

Als die LAUEsche Entdeckung bekannt wurde, hat sich mancher gewundert, daß eine neue Fundamentaltatsache auf dem Boden der klassischen Optik gewonnen werden konnte, die mit Lichtquanten nichts zu tun hatte. Die Sache änderte sich aber bald. Es war nur nötig, nach der LAUEschen Methode das Spektrum der Röntgenstrahlen zu entwerfen, um darin die deutlichen Spuren der Quanten zu erkennen: in der Serien- und Dublettanordnung der Röntgenlinien und in der ultravioletten Grenze des kontinuierlichen Röntgenspektrums. Seit dieser Erkenntnis wissen wir, daß auch die inneren Teile der Schweratome, in denen die Röntgenstrahlen entstehen, von Quantengesetzen beherrscht werden, daß die Quantentheorie den Atomismus bis ins Innerste durchdringt.

Wir gehen von der Gegenwart und Zukunft der Quantentheorie zurück zu demjenigen Zeitpunkte, da der Schöpfer dieser Theorie seine Arbeit daran vorübergehend unterbrach. Er wandte zunächst seine für die Strahlung ausgearbeiteten Methoden auf die gewöhnliche Optik an. So erörterte er die Natur des weißen Lichtes (53), ergänzte die DRUDEsche Theorie der Dispersion nach Seiten der Strahlungsdämpfung und des molekularen Aufbaus der Materie (52), (63), ging auf die Metalloptik im Anschluß an die Versuche von HAGEN und RUBENS ein (59) und erweiterte seine bzw. BOLTZMANNS Ableitung der Zustandsgleichung der idealen Gase auf den Fall VAN DER WAALSscher Gase mit Eigenvolumen (80).

Besonders lebhaft und erfolgreich aber beschäftigte ihn in dieser Zwischenzeit, in der die Arbeit an der Quantentheorie ruhte, die neue Lehre der Relativität von Raum und Zeit. »Ein physikalischer Gedanke von der Einfachheit und Allgemeinheit, wie der in dem Relativitätsprinzip enthaltene, verdient es, auf mehr als eine einzige Art, geprüft zu werden« (67). PLANCK beschäftigte sich zunächst mit der allgemeinen relativistischen Form der mechanischen Grundgleichungen, die er vor MIN-

KOWSKI aufstellte (67), diskutierte die KAUFMANNschen Messungen als Entscheidung für oder wider das Relativitätsprinzip (70), (74) und trat schließlich mit der großen Arbeit »Zur Dynamik bewegter Systeme« (76) vollständig auf den Boden der neuen Lehre. Charakteristisch für die Denkweise PLANCKS ist es, wie er hier — unter Erweiterung der Dissertation seines Schülers v. MOSENGEIL — die thermodynamischen Begriffe mit dem Relativitätsprinzip verbindet; eine allgemeine Dynamik ist nach PLANCK ohne die Thermodynamik unvollständig. Auch die Quantentheorie spricht in dieser vielseitigen und tiefen Arbeit ein Schlußwort, indem sich die Wirkungsgröße als allgemeine relativistische Invariante ergibt. Er kann daher den bedeutungsvollen Satz formulieren: »Einer jeden Veränderung in der Natur entspricht eine bestimmte, von der Wahl des Bezugssystems unabhängige Anzahl von Wirkungselementen.« Wiederholt ist er später in allgemeinen, formenschönen Vorträgen auf die Relativitätstheorie zurückgekommen, so in den Columbia-Vorlesungen (84) und bei der Königsberger Naturforschergesellschaft (86).

Auch sonst hat PLANCK in den letzten Jahren wiederholt in öffentlichen Reden die neuesten Fragen der physikalischen Erkenntnis in wirkungsvoller und allgemeinfaßlicher Form behandelt, die Quantenhypothese, die Statistik, das NERNSTsche Wärmetheorem, so namentlich in seinem Rektoratsjahre und in seiner Stellung an der Berliner Akademie (96), (103), (108), (120). Seine didaktische Seite und seine Tätigkeit als gewissenhafter Hochschullehrer kommt zur Geltung in dem jüngst erschienenen elementar gehaltenen Mechanik-Lehrbuche (118).

Wer jemals mit PLANCK amtlich oder literarisch zu tun hatte, hat die unbeirrbare, wohlwollende Sachlichkeit seines Urteils, die Zuverlässigkeit und Klarheit seines Wesens tief empfunden. Nur einmal sahen wir ihn aus seiner sachlichen Zurückhaltung heraustreten und eine fast leidenschaftliche Polemik aufnehmen, in der Aussprache mit ERNST MACH über die Erkenntnistheorie der Naturwissenschaften (81), (87). Hier galt es für PLANCK, das Recht der physikalischen Forschung auf freie Hypothesenbildung, den Glauben an die Einfachheit und Schönheit der Naturgesetze, die Gesundheit der physikalischen Weltanschauung zu verteidigen gegenüber einer Philosophie, die die Naturgesetze zu bloßen funktionalen Abhängigkeiten ohne kausale Färbung heruntersetzen und die Naturwissenschaft nur als eine »ökonomische Anpassung unserer Gedanken an unsere Empfindungen« hinstellen wollte. Daß diese Philosophie gerade von einem so bedeutenden und universellen Naturforscher wie MACH vertreten wurde, konnte PLANCKS sachliches Urteil von ihrer Unfruchtbarkeit nicht schwächen.

Eine peinlich genaue Zeiteinteilung, ein geregelter Wechsel zwischen Arbeit und Erholung, völlige Ausspannung in jedem Jahr während mehrerer Ferienwochen, zusammen mit einer vornehmen und scheinbar kühlen Zurückhaltung haben PLANCK trotz der eminenten Leistungen seines schaffenden Geistes vor jeder Überarbeitung bewahrt und ihm die jugendliche Elastizität des Körpers und Geistes erhalten. Sie haben es ihm ermöglicht, neben der anspannenden Arbeit in der abstraktesten Region des wissenschaftlichen Gedankens die schwere Belastung der Berliner Lehrtätigkeit zu tragen und neuerdings die nicht geringen Pflichten eines ständigen Sekretars der Preußischen Akademie der Wissenschaften zu übernehmen. Wir wünschen ihm und uns, daß seine Arbeitskraft noch weitere Jahrzehnte ungeschwächt anhält, daß er insbesondere die von ihm gestreute Quantensaat zu immer reicheren und wunderbareren Früchten heranreifen sehen möge, als schönsten Lohn und als lebendiges Denkmal seiner treuen Arbeit!

MAX PLANCK

VERZEICHNIS
SEINER GEDRUCKTEN
SCHRIFTEN

Dem 1. Teil liegt eine Aufstellung aus der Zeitschrift »Die Naturwissenschaften« Band 6, 1918, S. 199 ff., der Ergänzung (Nr. 122 ff.) eine Zusammenstellung von Professor Dr. MAX VON LAUE zugrunde.

1. Über den zweiten Hauptsatz der mechanischen Wärmetheorie. Inauguraldissertation. München: Th. Ackermann 1879.
2. Gleichgewichtszustände isotroper Körper in verschiedenen Temperaturen. Habilitationsschrift. München: Th. Ackermann 1880.
3. Die Theorie des Sättigungsgesetzes. *Wied. Ann. 13, S. 535—543,* 1881.
4. Verdampfen, Schmelzen und Sublimieren. *Wied. Ann. 15, S. 446 bis 475,* 1882.
5. Über das thermodynamische Gleichgewicht von Gasgemengen. *Wied. Ann. 19, S. 358—378,* 1883.
6. Zur Theorie der Flüssigkeitsstrahlen. *Wied. Ann. 21, S. 499–509,* 1884.
7. Das Prinzip der Erhaltung der Energie. Leipzig: B. G. Teubner 1887. 5. Aufl. 1924.
8. Über das Prinzip der Vermehrung der Entropie. 1. Abhandlung: Gesetze des Verlaufs von Reaktionen, die nach konstanten Gewichtsverhältnissen vor sich gehen. *Wied. Ann. 30, S. 562-582,* 1887.
9. Über das Prinzip der Vermehrung der Entropie. 2. Abhandlung: Gesetze der Dissoziation gasförmiger Verbindungen. *Wied. Ann. 31, S. 189—203,* 1887.
10. Über das Prinzip der Vermehrung der Entropie. 3. Abhandlung. Gesetze des Eintritts beliebiger thermodynamischer und chemischer Reaktionen. *Wied. Ann. 32, S. 462—503,* 1887.
11. Über die molekulare Konstitution verdünnter Lösungen. *Zeitschr. f. phys. Chem. 1, S. 577—582,* 1887.
12. Das chemische Gleichgewicht in verdünnten Lösungen. *Wied. Ann. 34, S. 139—154,* 1888.
13. Über die Hypothese der Dissoziation der Salze in sehr verdünnten Lösungen. *Zeitschr. f. phys. Chem. 2, S. 343,* 1888.
14. Über die Dampfspannung von verdünnten Lösungen flüchtiger Stoffe. *Zeitschr. f. phys. Chem. 2, S. 405—414,* 1888.
15. Zur Theorie der Thermoelektrizität in metallischen Leitern. *Wied. Ann. 36, S. 624—643, 936,* 1889.
16. Über den osmotischen Druck. *Zeitschr. f. phys. Chem. 6, S. 187 bis 189,* 1890.
17. Über die Erregung von Elektrizität und Wärme in Elektrolyten. *Wied. Ann. 39, S. 161—181,* 1890.

18. Über die Potentialdifferenz zwischen zwei verdünnten Lösungen binärer Elektrolyte. *Wied. Ann. 40, S. 561—577*, 1890. *Verh. d. phys. Ges. Berlin, S. 45—49*, 1890.

19. Allgemeines zur neueren Entwicklung der Wärmetheorie. *Zeitschr. f. phys. Chem. 8, S. 647—656*, 1891.

20. Über das Prinzip der Vermehrung der Entropie. *Wied. Ann. 44, S. 383—428*, 1891.

21. Bemerkungen über das Carnot-Clausiussche Prinzip. *Wied. Ann. 46, S. 162—166*, 1892.

22. Notiz zur Theorie der Diffusion und Elektrolyse. *Zeitschr. f. phys. Chem. 9, S. 347—348*, 1892.

23. Erwiderung auf einen von Herrn Arrhenius erhobenen Einwand. *Zeitschr. f. phys. Chem. 9, S. 636—637*, 1892.

24. Ein neues Harmonium in natürlicher Stimmung nach dem System C. Eitz. *Verh. d. phys. Ges. Berlin 12, S. 8—9*, 1893.

25. Der Kern des zweiten Hauptsatzes der Wärmetheorie. *Zeitschr. f. d. phys. u. chem. Unterricht 6, S. 217—221*, 1893.

26. Grundriß der allgemeinen Thermochemie. Breslau: Trewendt 1893.

27. Heinrich Rudolf Hertz †. Rede zu seinem Gedächtnis. *Verh. d. phys. Ges. Berlin 13, S. 9—29*, 1894. Leipzig: J. A. Barth 1894. *Naturwiss. Rundsch. 9, S. 170*, 1894.

27a. Antrittsrede, geh. am 28. Juni 1894 zur Aufnahme in die Akademie. *S.-B. preuß. Akad. Wiss., S. 641—644*. 1894.

28. Über den Beweis des Maxwellschen Geschwindigkeitsverteilungsgesetzes unter Gasmolekülen. *S.-B. bayr. Akad. Wiss., math.-phys. Kl. 24, S. 391—394*, 1894. *Wied. Ann. 55, S. 220—222*, 1895.

29. Absorption und Emission elektrischer Wellen durch Resonanz. *S.-B. preuß. Akad. Wiss., S. 289—301*, 1895. *Wied. Ann. 57, S. 1 bis 14*, 1896.

30. Gegen die neuere Energetik. *Wied. Ann. 57, S. 72—78*, 1896.

31. Vorlesungen über Thermodynamik. Leipzig: Veit & Co. 1897. 9. Aufl. Berlin: de Gruyter 1930. Engl. Übers.: London u. New York: Longmans 1903 und 1927. Französ. Übers.: Paris: A. Hermann 1913. Russ. Übers.: Reval 1900.

32. Über elektrische Schwingungen, welche durch Resonanz erregt und durch Strahlung gedämpft werden. *S.-B. preuß. Akad. Wiss., S. 151—170*, 1896. *Wied. Ann. 60, S. 577—599*, 1897.

33. Über irreversible Strahlungsvorgänge. 1. Mitt. *S.-B. preuß. Akad. Wiss., S. 57—68*, 1897.

34. Über irreversible Strahlungsvorgänge. 2. Mitt. *S.-B. preuß. Akad. Wiss., S. 715—717*, 1897.

35. Über irreversible Strahlungsvorgänge. 3. Mitt. *S.-B. preuß. Akad. Wiss., S. 1122—1145*, 1897.

36. Notiz zur Theorie der Dämpfung elektrischer Schwingungen. *Wied. Ann. 63, S. 419—422*, 1897.

37. Über die Maxwellsche Theorie der Elektrizität. *Naturw. Rundsch. 13, S. 541*, 1898.

38. Über irreversible Strahlungsvorgänge. 4. Mitt. *S.-B. preuß. Akad. Wiss., S. 449—476*, 1898.

39. Über irreversible Strahlungsvorgänge. 5. Mitt. *S.-B. preuß. Akad. Wiss., S. 440—480*, 1899.

40. Die Maxwellsche Theorie der Elektrizität von der mathematischen Seite betrachtet. *Jahresber. d. Deutsch. math. Vereinigung 7, S. 77—89*, 1899.

41. Über irreversible Strahlungsvorgänge. *Ann. d. Phys. (4) 1, S. 69 bis 122*, 1900.

42. Bemerkungen zu einer Abhandlung über Thermodynamik des Herrn K. v. Wesendonck. *Ann. d. Phys. (4) 1, S. 621—624*, 1900.

43. Entropie und Temperatur strahlender Wärme. *Ann. d. Phys. (4) 1, S. 719—737*, 1900.

44. Über eine Verbesserung der Wienschen Spektralgleichung. *Verh. d. Deutsch. Phys. Ges. 2, S. 202—204*, 1900.

45. Ein vermeintlicher Widerspruch des magneto-optischen Faraday-Effektes mit der Thermodynamik. *Verh. d. Deutsch. Phys. Ges. 2, S. 206—210*, 1900.

46. Kritik zweier Sätze des Herrn W. Wien. *Ann. d. Phys. (4) 3, S. 764—766*, 1900.

47. Zur Theorie des Gesetzes der Energieverteilung im Normalspektrum. *Verh. d. Deutsch. Phys. Ges. 2, S. 237—245*, 1900.

48. Über das Gesetz der Energieverteilung im Normalspektrum. *Ann. d. Phys. (4) 4, S. 553—563*, 1901.

49. Über die Elementarquanta der Materie und der Elektrizität. *Ann. d. Phys. (4) 4, S. 564—566*, 1901.

50. Über irreversible Strahlungsvorgänge. Nachtrag. *S.-B. preuß. Akad. Wiss., S. 544—555*, 1901. *Ann. d. Phys. (4) 6, S. 818—831*, 1901.

51. Vereinfachte Ableitung der Schwingungsgesetze eines linearen Resonators im stationär durchstrahlten Felde. *Phys. Zeitschr. 2, S. 530—534*, 1901.

52. Zur elektromagnetischen Theorie der Dispersion in isotropen Nichtleitern. *S.-B. preuß. Akad. Wiss., S. 470—494,* 1902.

53. Über die Natur des weißen Lichtes. *Ann. d. Phys. (4) 7, S. 390 bis 400,* 1902.

54. Über die von einem elliptisch schwingenden Ion emittierte und absorbierte Energie. *Archives Néerlandaises, Jubelband für H. A. Lorentz, S. 164—174,* 1900. *Ann. d. Phys. (4) 9, S. 619—628,* 1902.

55. Zur Thermodynamik und Dissoziationstheorie binärer Elektrolyte. *Zeitschr. f. phys. Chem. 41, S. 212—223,* 1902.

56. Über die Verteilung der Energie zwischen Äther und Materie. *Archives Néerlandaises, Jubelband für J. Bosscha, S. 55—66,* 1901. *Ann. d. Phys. (4) 9, S. 629—641,* 1902.

57. Über die Grundlage der Lösungstheorie, eine Erwiderung. *Ann. d. Phys. (4) 10, S. 436—445,* 1903.

58. Über den osmotischen Druck einer Lösung von merklich variabler Dichte. *Zeitschr. f. phys. Chem. 42, S. 584—590,* 1903.

59. Über die optischen Eigenschaften der Metalle für lange Wellen. *S.-B. preuß. Akad. Wiss., S. 278—280,* 1903.

60. Zur elektromagnetischen Theorie der selektiven Absorption in isotropen Nichtleitern. *S.-B. preuß. Akad. Wiss., S. 480—498,* 1903.

61. Metalloptik und Maxwellsche Theorie. *S.-B. preuß. Akad. Wiss., S. 558 u. 559,* 1903.

62. Mr. Swinburne and Entropy. *Electrician 50, S. 694—695, 821,* 1903.

63. Über die Extinktion des Lichtes in einem optisch homogenen Medium von normaler Dispersion. *S.-B. preuß. Akad. Wiss., S. 740 bis 750,* 1904.

64. Über die mechanische Bedeutung der Temperatur und der Entropie. *Boltzmann-Festschrift, S. 113—122.* Leipzig: J. A. Barth 1904.

65. Normale und anomale Dispersion in nichtleitenden Medien von variabler Dichte. *S.-B. preuß. Akad. Wiss., S. 382—394,* 1905.

66. On Clausius Theorem for irreversible Cycles, and on the Increase of Entropy. *Phil. Mag. (6) 9, S. 167—168,* 1905.

67. Das Prinzip der Relativität und die Grundgleichungen der Mechanik. *Verh. d. Deutsch. Phys. Ges. 8, S. 136—141,* 1906.

68. Paul Drude. Gedächtnisrede. *Verh. d. Deutsch. Phys. Ges. 8, S. 599 bis 630,* 1906. *Ann. d. Phys. (4) 20, S. 1—4,* 1906.

69. Vorlesungen über die Theorie der Wärmestrahlung. Leipzig: J. A. Barth 1906. 5. Aufl. 1923.

70. Die Kaufmannschen Messungen der Ablenkbarkeit der β-Strahlen in ihrer Bedeutung für die Dynamik der Elektronen. *Verh. d. Ges. dtsch. Naturf. u. Ärzte zu Stuttgart 1906, 2 (1), S. 61—62*, 1907. *Verh. d. Deutsch. Phys. Ges. 8, S. 418—432*, 1906. *Phys. Zeitschr. 7, S. 753—761*, 1906.

71. Bemerkung über die Konstante des Wienschen Verschiebungsgesetzes. *Verh. d. Deutsch. Phys. Ges. 8, S. 695—696*, 1906.

72. Helmholtz's Leistungen auf dem Gebiete der theoretischen Physik. *Allg. Dtsch. Biographie 51, S. 470—472*, 1906.

73. Wilhelm von Bezold. *Verh. d. Deutsch. Phys. Ges. 9, S. 91—93*, 1907.

74. Nachtrag zu der Besprechung der Kaufmannschen Ablenkungsmessungen. *Verh. d. Deutsch. Phys. Ges. 9, S. 301—305*, 1907.

75. Zur Theorie der Dispersion. *Phys. Zeitschr. 8, S. 906*, 1907.

76. Zur Dynamik bewegter Systeme. *S.-B. preuß. Akad. Wiss., S. 542 bis 570*, 1907. *Ann. d. Phys. (4) 26, S. 1—34*, 1908.

77. Adolf Paalzow. *Verh. d. Deutsch. Phys. Ges. 10, S. 17*, 1908.

78. Bemerkungen zum Prinzip der Aktion und Reaktion in der allgemeinen Dynamik. *Verh. d. Ges. dtsch. Naturf. u. Ärzte zu Köln 1908, 2 (1), S. 53*, 1909. *Verh. d. Deutsch. Phys. Ges. 10, S. 728 bis 732*, 1908. *Phys. Zeitschr. 9, S. 828—830*, 1908.

79. Zur Theorie der Dispersion. *Phys. Zeitschr. 9, S. 354*, 1908.

80. Über die kanonische Zustandsgleichung einatomiger Gase. *S.-B. preuß. Akad. Wiss., S. 633—647*, 1908.

81. Die Einheit des physikalischen Weltbildes. Vortrag, geh. 1908 in Leiden. Leipzig: S. Hirzel 1909. *Phys. Zeitschr. 10, S. 62—75*, 1909.

82. Zur kinetischen Gastheorie. Eine kritische Untersuchung. *Phys. Zeitschr. 10, S. 195—196*, 1909.

83. Zur Theorie der Wärmestrahlung. *Ann. d. Phys. (4) 31, S. 758 bis 768*, 1910.

84. Acht Vorlesungen über theoretische Physik, geh. 1909 a. d. Columbia Univ. New York. Leipzig: S. Hirzel 1910.

85. Gleichförmige Rotation und Lorentz Kontraktion. *Phys. Zeitschr. 11, S. 294*, 1910.

86. Die Stellung der neueren Physik zur mechanischen Naturanschauung. *Verh. d. Ges. dtsch. Naturf. u. Ärzte zu Königsberg 1910, 1, S. 58—75*, 1911. Leipzig: S. Hirzel 1910. *Naturw. Rundschau 25, S. 521—525, 533—536*, 1910. *Phys. Zeitschr. 11, S. 922—932*, 1910.

87. Zur Machschen Theorie der physikalischen Erkenntnis. Eine Erwiderung. *Phys. Zeitschr. 11, S. 1186—1190*, 1910. *Vierteljahrsschrift f. wiss. Philos. u. Soziologie 34, S. 497—507*, 1910.

88. Über den Inhalt und die Bedeutung des Nernstschen Wärmetheorems für die reine Thermodynamik. *S.-B. preuß. Akad. Wiss., S. 865*, 1910.

89. Energie et température. Vortrag, geh. am 21. April 1911 in Paris bei der Ostertagung der Französischen Physikalischen Gesellschaft. *Journ. de phys. (5) 1, S. 345—359*, 1911. *Phys. Zeitschr. 12, S. 681 bis 687*, 1911.

90. Eine neue Strahlungshypothese. *Verh. d. Deutsch. Phys. Ges. 13, S. 138—148*, 1911.

91. Zur Hypothese der Quantenemission. *S.-B. preuß. Akad. Wiss., S. 723—731*, 1911.

92. Die Gesetze der Wärmestrahlung und die Hypothese der elementaren Wirkungsquanten. Vortrag, geh. auf dem Solvay-Kongreß, Brüssel 1911. Paris: Gauthier-Villars 1912. Deutsche Ausg.: Halle a. S.: W. Knapp 1914.

93. Über neuere thermodynamische Theorien (Nernstsches Wärmetheorem und Quantenhypothese). *Ber. d. Deutsch. Chem. Ges. 45, S. 5—23*, 1912. *Phys. Zeitschr. 13, S. 165—175*, 1912. Leipzig: Akadem. Verlagsges. 1912.

94. Erwiderung auf die Antrittsrede des Hrn. Hellmann. *S.-B. preuß. Akad. Wiss., S. 599—601*, 1912.

95. Über die Begründung des Gesetzes der schwarzen Strahlung. *Ann. d. Phys. (4) 37, S. 642—656*, 1912. *Verh. d. Deutsch. Phys. Ges. 14, S. 113—118*, 1912.

96. Neue Bahnen der physikalischen Erkenntnis. Rede geh. in der Berliner Universität anläßlich der Übernahme des Rektorats. Berlin: Norddt. Buchdr. 1913. Leipzig: J. A. Barth 1914. Engl. Übers.: *Phil. Mag. (6) 28, S. 60—71*, 1914.

97. Ansprache, geh. in der öffentl. Sitzung zur Feier des Geburtsfestes des Kaisers und des Jahrestages König Friedrichs II. *S.-B. preuß. Akad. Wiss., S. 73—76*, 1913.

98. Über das Gleichgewicht zwischen Oszillatoren, freien Elektronen und strahlender Wärme. *S.-B. preuß. Akad. Wiss., S. 350—363*, 1913.

99. Erwiderung auf die Antrittsrede des Hrn. Schwarzschild. *S.-B. preuß. Akad. Wiss., S. 600—602*, 1913.

100. Erwiderung auf die Antrittsrede des Hrn. Beckmann. *S.-B. preuß. Akad. Wiss., S. 608—609*, 1913.

101. Die gegenwärtige Bedeutung der Quantenhypothese für die kinetische Gastheorie. *Mathem. Vorlesungen a. d. Univ. Göttingen 6, S.3—16*, Leipzig u. Berlin: B. G. Teubner 1914. *Phys.Zeitschr. 14, S. 258*, 1913. *Nachr. Ges. Wiss. Göttingen, math.- phys. Kl., S. 137—140*, 1913.

102. Das Prinzip der Erhaltung der Energie. *(Wissenschaft u. Hypothese. 6.)* Leipzig: B. G. Teubner 1913. 5. Aufl. 1924.

103. Dynamische und statistische Gesetzmäßigkeit. Rede, geh. in der Berliner Universität. Leipzig: J. A. Barth 1914.

104. Erwiderung auf die Antrittsrede des Hrn. Einstein. *S.-B. preuß. Akad. Wiss., S. 742—744*, 1914.

105. Das Prinzip der kleinsten Wirkung. *Die Kultur der Gegenwart. T.3, Abt.3, Bd.1, S.692—702.* Leipzig: B. G. Teubner 1914. 2. Aufl. *S. 772—782*, 1925.

106. Verhältnis der Theorien zueinander. *Die Kultur der Gegenwart. T.3, Abt.3, Bd.1, S.714—731.* Leipzig: B. G. Teubner 1914. 2. Aufl. *S. 816—822*, 1925.

107. Eine veränderte Formulierung der Quantenhypothese. *S.-B. preuß, Akad. Wiss., S. 918—923*, 1914.

108. Ansprache, geh. in der öffentl. Sitzung zur Feier des Leibnizischen Jahrestages. *S.-B. preuß. Akad. Wiss., S. 481—484*, 1915.

109. Erwiderung auf die Antrittsrede des Hrn. Willstätter. *S.-B. preuß. Akad. Wiss., S. 488—489*, 1915.

110. Über Quantenwirkungen in der Elektrodynamik. *S.-B. preuß. Akad. Wiss., S. 512—519*, 1915.

111. Bemerkung über die Emission von Spektrallinien. *S.-B. preuß. Akad. Wiss., S. 909—913*, 1915.

112. Eduard Riecke. *Verh. d. Deutsch. Phys. Ges. 17, S. 217—218*, 1915.

113. Die Quantenhypothese für Molekeln mit mehreren Freiheitsgraden. 1. u. 2. Mitt. *Verh. d. Deutsch. Phys. Ges. 17, S. 407—418, 438—451*, 1915.

114. Bemerkung über die Entropiekonstante zweiatomiger Gase. *Verh. d. Deutsch. Phys. Ges. 17, S. 418—419*, 1915.

115. Über die Energieverteilung in einem System rotierender Dipole. *Elster-Geitel-Festschrift, S. 313—317.* Braunschweig: Vieweg 1915.

116. Über die absolute Entropie einatomiger Körper. *S.-B. preuß. Akad. Wiss., S. 653—667*, 1916.

117. Die physikalische Struktur des Phasenraumes. *Ann. d. Phys. (4) 50, S. 385—418*, 1916.

118. Einführung in die theoretische Physik. 1. Einführung in die allgemeine Mechanik. Leipzig: S. Hirzel 1916. 4. Aufl. 1928 Engl. Übers.: London: Macmillan 1933.

119. Bemerkung zur quantentheoretischen Deutung der Rubens-Hettnerschen Spektralmessung. *Verh. d. Deutsch. Phys. Ges. 18, S. 168—172,* 1916.

120. Ansprache, geh. in der öffentl. Sitzung zur Feier des Geburtsfestes des Kaisers und des Jahrestages König Friedrichs II. *S.-B. preuß. Akad. Wiss., S. 35—40,* 1917.

121. Über einen Satz der statistischen Dynamik und seine Erweiterung in der Quantentheorie. *S.-B. preuß. Akad. Wiss., S. 324 bis 341,* 1917.

122. Zur Theorie des Rotationsspektrums. Vorl. Mitt. *Verh. d. Deutsch. Phys. Ges. 19, S. 43—47,* 1917.

123. Zur Theorie des Rotationsspektrums. 1. Mitt. *Ann. d. Phys. (4) 52, S. 491—505,* 1917.

124. Zur Theorie des Rotationsspektrums. 2. Mitt. *Ann. d. Phys. (4) 53, S. 241—256,* 1917.

125. Zur Quantelung des asymmetrischen Kreisels. *S.-B. preuß. Akad. Wiss., S. 1166—1174,* 1918.

126. Erwiderung auf die Ansprachen am 26. April 1918 in der Deutsch. Phys. Ges. zu M. Plancks 60. Geburtstag. Karlsruhe i. B.: C. F. Müller 1918, *S. 31—36.*

127. Ansprache, geh. in der öffentl. Sitzung zur Feier des Leibnizischen Jahrestages. *S.-B. preuß. Akad. Wiss., S. 547—551,* 1919.

128. Erwiderung auf die Antrittsrede des Hrn. G. Müller. *S.-B. preuß. Akad. Wiss., S. 558—559,* 1919.

129. Erwiderung auf die Antrittsreden der HH. Schmidt und Carathéodory. *S.-B. preuß. Akad. Wiss., S. 568—570,* 1919.

130. Die Dissoziationswärme des Wasserstoffs, nach dem Bohr-Debyeschen Modell. *S.-B. preuß. Akad. Wiss., S. 914—931,* 1919.

131. Das Wesen des Lichts. Vortrag, geh. in der Hauptversammlung der Kaiser-Wilhelm-Gesellschaft am 28. Okt. 1919. Berlin: Springer 1920. *Naturwissenschaften 7, S. 903—909,* 1919.

132. Einführung in die theoretische Physik. 2. Einführung in die Mechanik deformierbarer Körper. Leipzig: S. Hirzel 1919. 3. Aufl. 1931. Engl. Übers.: London: Macmillan 1932.

133. Die Entstehung und bisherige Entwicklung der Quantentheorie. Nobel-Vortrag, geh. vor der Kgl. Schwedischen Akademie d. Wiss. zu Stockholm am 2. Juni 1920. Leipzig: J. A. Barth 1920. Engl. Übers.: New York: Oxford Univ. Press. 1920, London: Milford 1922

134. Erwiderung auf die Antrittsrede des Hrn. von Laue. *S.-B. preuß. Akad. Wiss., S. 479—480,* 1921.

135. Henri Poincaré und die Quantentheorie. *Acta mathematica 38, S. 387—397,* 1921.

136. Absolute Entropie und chemische Konstante. *Ann. d. Phys. (4) 66, S. 365—372,* 1921.

137. Ansprache, geh. in der öffentl. Sitzung zur Feier des Leibnizischen Jahrestages. *S.-B. preuß. Akad. Wiss., S. LXXV—LXXVII,* 1922.

138. Erwiderung auf die Antrittsrede des Hrn. Schur. *S.-B. preuß. Akad. Wiss., S. LXXXI—LXXXII,* 1922.

139. Über die freie Energie von Gasmolekülen mit beliebiger Geschwindigkeitsverteilung. *S.-B. preuß. Akad. Wiss., phys.-math. Kl., S. 63—70,* 1922.

140. Eröffnungsrede zur Hundertjahrfeier in Leipzig 1922. *Verh. d. Ges. dtsch. Naturforscher u. Ärzte 87, S. 1—9,* 1923.

141. Physikalische Rundblicke. Gesammelte Reden und Aufsätze. Leipzig: S. Hirzel 1922.

142. Einführung in die theoretische Physik. 3. Einführung in die Theorie der Elektrizität und des Magnetismus. Leipzig: S. Hirzel 1922. 2. Aufl. 1928. Engl. Übers.: London: Macmillan 1932.

143. Erwiderung auf die Antrittsreden der HH. Ludendorff, Guthnick und Johnsen. *S.-B. preuß. Akad. Wiss., S. XCI—XCII,* 1923.

144. Gedächtnisrede auf Heinrich Rubens. *S.-B. preuß. Akad. Wiss., S. CVIII—CXIII,* 1923.

145. Die Energieschwankungen bei der Superposition periodischer Schwingungen. Bemerkung zur Quantenstatistik der Energieschwankungen. *S.-B. preuß. Akad. Wiss., phys.-math. Kl., S. 350 bis 358,* 1923.

146. Kausalgesetz und Willensfreiheit. Öffentl. Vortrag, geh. in der Preuß. Akad. d. Wiss. am 17. Febr. 1923. Berlin: Springer 1923.

147. Die Bohrsche Atomtheorie. *Naturwissenschaften 11, S. 535—537,* 1923.

148. Die Ableitung des Strahlungsgesetzes. 7 Abhandlungen a. d. Gebiete der elektromagnetischen Strahlungstheorie. *(Ostwalds Klassiker der exakten Wiss. 206)* Leipzig: Akadem. Verlagsges. 1923.

149. Ansprache, geh. in der öffentl. Sitzung zur Feier des Jahrestages König Friedrichs II. *S.-B. preuß. Akad. Wiss., S. XVII—XIV*, 1924.

150. Erwiderung auf die Antrittsrede des Hrn. Bieberbach. *S.-B. preuß. Akad. Wiss., S. XCI—XCII*, 1924.

151. Über die Natur der Wärmestrahlung. *Ann. d. Physik (4) 73, S. 272—288*, 1924.

152. Zur Quantenstatistik des Bohrschen Atommodells. *Ann. d. Physik (4) 75, S. 673—684*, 1924.

153. Erwiderung auf die Antrittsreden der HH. Hahn und Bodenstein. *S.-B. preuß. Akad. Wiss., S. XCII—XCIII*, 1925.

154. Erwiderung auf die Antrittsrede des Hrn. Paschen. *S.-B. preuß. Akad. Wiss., S. CIV—CV*, 1925.

155. Zur Frage der Quantelung einatomiger Gase. *S.-B. preuß. Akad. Wiss., phys.-math. Kl., S. 49—57*, 1925.

156. Über die statistische Entropiedefinition. *S.-B. preuß. Akad. Wiss., phys.-math. Kl., S. 442—451*, 1925.

157. Vom Relativen zum Absoluten. Leipzig: S. Hirzel 1925. *Naturwissenschaften 13, S. 52—59*, 1925.

158. Physikalische Gesetzlichkeit im Lichte neuerer Forschung. *Naturwissenschaften 14, S. 249—261*, 1925. Leipzig: J. A. Barth 1926.

159. Eine neue statistische Definition der Entropie. *Zeitschr. f. Physik 35, S. 155—169*, 1925.

160. A Survey of physics. A collection of lectures and essays. London: Methuen 1925. New York: Dutton 1925.

161. Ansprache, geh. in der öffentl. Sitzung zur Feier des Leibnizischen Jahrestages. *S.-B. preuß. Akad. Wiss., S. LIIIV—XC*, 1926.

162. Erwiderung auf die Antrittsreden der HH. Wagner und Stumpf. *S.-B. preuß. Akad. Wiss., S. XCVIII—XCIX*, 1926.

163. Über die Begründung des zweiten Hauptsatzes der Thermodynamik. *S.-B. preuß. Akad. Wiss., phys.-math. Kl., S. 453—463*, 1926.

164. Erwiderung auf die Antrittsrede des Hrn. von Ficker. *S.-B. preuß. Akad. Wiss., S. LXXIX—LXXX*, 1927.

165. Die physikalische Realität der Lichtquanten. Mitt. an das Franklin-Institut in Philadelphia, vorgelegt am 18. Mai 1927. Engl.: *Journ. Frankl. Inst. 204, S. 13—18*, 1927. *Naturwissenschaften 15, S. 529—531*, 1927.

166. Dankworte bei Verleihung der Lorentz-Medaille am 28. Mai 1927. *Kon. nederl. Akad. Wetensch., Versl. afd. nat., S. 532—538*, 1927.

167. Einführung in die theoretische Physik. 4. Einführung in die theoretische Optik. Leipzig: S. Hirzel 1927. 2. Aufl. 1931. Engl. Übers.: London: Macmillan 1932.

168. Ansprache, geh. in der öffentl. Sitzung zur Feier des Jahrestages König Friedrichs II. *S.-B. preuß. Akad. Wiss., S. XVII—XXIII,* 1928.

169. Über die Potentialdifferenz verdünnter Lösungen. *S.-B. preuß. Akad. Wiss., phys.-math. Kl., S. 285—288,* 1928.

170. Über die Abhandlungen zur Wellenmechanik von Erwin Schrödinger. *Dtsch. Literaturzeitung N. F. 5, S. 59—62,* 1928.

171. Hendrik Antoon Lorentz. Gedächtnisrede, geh. in der Physikalischen Gesellschaft zu Berlin am 29. Juni 1928. *Naturwissenschaften 16, S. 549—555,* 1928.

172. Aus der neuen Physik. Vortrag, geh. in der öffentl. Kundgebung der Notgemeinschaft der Deutschen Wissenschaft in Dresden am 2. Dez. 1928. *Dtsch. Forschung, Heft 7, S. 5—11,* 1929. *Zeitschr. VDI. 73, S. 353—355,* 1929. *Zeitschr. f. angew. Chem. 42, S. 84,* 1929. *Aus Natur u. Museum. Ber. d. Senckenberg. Naturf. Ges. 59, S. 105—107,* 1929.

173. Erwiderung auf die Antrittsrede des Hrn. Schrödinger. *S.-B. preuß. Akad. Wiss., S. CII—CIV,* 1929.

174. Über die Potentialdifferenz verdünnter Lösungen. 2. Mitt. *S.-B. preuß. Akad. Wiss., phys.-math. Kl., S. 9—11,* 1929.

175. Zwanzig Jahre Arbeit am physikalischen Weltbild. Vortrag, geh. am 18. Febr. 1929 an der Universität Leiden. *Physica 9, S. 193 bis 222,* 1929.

176. Das Weltbild der neuen Physik. Leipzig: J.A.Barth 1929. 10. Aufl. 1947. Engl. Übers.: London: Allen & U. 1931 u. 1937.

177. Das Weltbild der neuen Physik. 5. Gastvortrag, geh. am 12. März 1929 in Wien. *Monatsh. f. Mathem.* u. *Physik 36, S. 387—410,* 1929.

178. Max von Laue zum 9. Okt. 1929. *Naturwissenschaften 17, S. 787* bis *788,* 1929.

179. Erinnerungen an Anna von Helmholtz. »Vom Schreibtisch und aus der Werkstatt.« *Velhagen & Klasings Monatsh. 44, 2, S. 37—39,* 1929/30.

180. Ansprache, geh. in der öffentl. Sitzung zur Feier des Leibnizischen Jahrestages. *S.-B. preuß. Akad. Wiss., S. LXXXI—LXXXIV,* 1930.

181. Über die Grenzschicht verdünnter Elektrolyte. *S.-B. preuß. Akad. Wiss., phys.-math. Kl., S. 367—373,* 1930.

182. Einführung in die theoretische Physik. 5. Einführung in die Theorie der Wärme. Leipzig: S. Hirzel 1930. Engl. Übers.: London: Macmillan 1932.

183. Theoretische Physik. *Schmidt-Ott-Festschrift: Aus 50 Jahren deutscher Wissenschaft, S. 300—309.* Berlin: de Gruyter 1930.

184. Wissenschaft und Glaube. *Berliner Tageblatt Nr. 607 v. 25. Dez.* 1930.

185. Positivismus und reale Außenwelt. Vortrag, geh. am 12. Nov. 1930 in der Kaiser-Wilhelm-Gesellschaft zur Förderung der Wiss. Leipzig: Akadem. Verlagsges. 1931. Dän. Übers.: *Fysisk Tidsskr. 28, S. 161—181,* 1931.

186. (Zus. mit von Cranach) Tätigkeitsbericht der Kaiser-Wilhelm-Gesellschaft zur Förderung der Wiss. (April 1930 bis Ende März 1931). Allg. Bericht. *Naturwissenschaften 19, S. 531—560,* 1931.

187. Über die Grenzschicht verdünnter Elektrolyte. 2. Mitt. *S.-B. preuß. Akad. Wiss., phys.-math. Kl., S. 113—122.* 1931.

188. James Clerk Maxwell in seiner Bedeutung für die theoretische Physik in Deutschland. *Naturwissenschaften. 19, S. 889—894,* 1931.

189. Ansprache, geh. in der öffentl. Sitzung zur Feier des Jahrestages König Friedrichs II. *S.-B. preuß. Akad. Wiss., S. XXI—XXVIII,* 1932.

190. Der Kausalbegriff in der Physik. Leipzig: J. A. Barth 1932. Ausz. in: *S.-B. preuß. Akad. Wiss., phys.-math. Kl., S. 18—19,* 1932. Engl. Übers.: *Proc. Phys. Soc. 44, S. 529—539,* 1932.

191. Where is science going ? Prol. by A. Einstein. New York: Norton 1932. London: Allen & U. 1933.

192. Über die Grenzschicht verdünnter Elektrolyte. 3. Mitt. *S.-B. preuß. Akad. Wiss., phys.-math. Kl., S. 362—368,* 1933.

193. Wege zur physikalischen Erkenntnis. Reden und Vorträge. Leipzig: S. Hirzel 1933. 4. Aufl. 1944.

194. Ursprung und Auswirkung wissenschaftlicher Ideen. Vorgetragen in der Sitzung des Vorstandes und des Wiss. Beirates des Vereins Deutscher Ingenieure am 17. Febr. 1933 in Berlin. *Zeitschr. VDI. 77, S. 185—190,* 1933. *Oesterr. Chemikerztg. N. F. 36, S. 54,* 1933. *Die Volksschule 102, Allg. Päd. 39,* 1934.

195. Die Kausalität im Naturgeschehen. *Scientia 53, S. 154—164,* 1933.

196. Geleitwort zu: Der Geist meistert den Stoff. *Forschung tut not, Heft 6.* Berlin: VDI-Verlag 1933.

197. Das Prinzip von Le Chatelier und Braun. *Ann. d. Phys. (5) 19, S. 759—768,* 1934, *(5) 20, S. 196, 1934.* Ausz. in: *S.-B. preuß. Akad. Wiss., phys.-math. Kl., S. 79—83,* 1934.

198. Tätigkeitsbericht der Kaiser-Wilhelm-Gesellschaft zur Förderg. der Wiss. (April 1933 bis Ende März 1934). Allg. Bericht. *Naturwissenschaften 22, S. 339—375,* 1934.

199. Geleitwort zu: Ernst Zimmer, Umsturz im Weltbild der Physik. München: Knorr & Hirt 1934. 2. Aufl. 1934.

200. Ansprache, geh. in der öffentl. Sitzung zur Feier des Leibnizischen Jahrestages. *S.-B. preuß. Akad. Wiss., S. CI—CVI,* 1935.

201. Zur Theorie der Elektrizitätserregung in Elektrolyten. *S.-B. preuß. Akad. Wiss., phys.-math. Kl., S. 147—149,* 1935. *Zeitschr. f. Physik 94, S. 469—472,* 1935.

202. Zur Theorie der Diffusion von Elektrolyten. *Zeitschr. f. Physik 93, S. 696—697,* 1935.

203. Die Physik im Kampf um die Weltanschauung. Vortrag, geh. am 6. März 1935 im Harnack-Haus, Berlin-Dahlem. Leipzig: J. A. Barth 1935.

204. Bemerkungen über Quantitätsparameter, Intensitätsparameter und stabiles Gleichgewicht. *Physica II, S. 1029—1032,* 1935.

205. Persönliche Erinnerungen. Vortrag, geh. in der Festsitzung zur Feier des 90jähr. Bestehens d. Physik. Gesellschaft zu Berlin. *Verh. d. Deutsch. Phys. Ges. (3) 16, S. 11—16,* 1935.

206. (Zus. mit E. Grüneisen) Dr. h. c. Arthur Meiner zum 70. Geburtstage. *Ann. d. Phys. (5) 23, S. 197,* 1935.

207. Das Wesen der Willensfreiheit. Leipzig: J. A. Barth 1936. 2. Aufl. 1937. Ausz. in: *Forsch. u. Fortschr. 12, S. 213—214,* 1936.

208. The Philosophy of physics. London: Allen & U. 1936.

209. Ansprache, geh. in der öffentl. Sitzung zur Feier des Jahrestages König Friedrichs II. *S.-B. preuß. Akad. Wiss., S. XXI—XXVI,* 1937.

210. Erwiderung auf die Antrittsreden der HH. Debye und Geiger. *S.-B. preuß. Akad. Wiss., S. CXV—CXVI,* 1937.

211. Zum 25jährigen Jubiläum der Entdeckung von W. Friedrich, P. Knipping und M. v. Laue. *Verh. d. Deutsch. Phys. Ges. (3) 18, S. 77—80,* 1937.

212. Religion und Naturwissenschaft. Vortrag, geh. im Mai 1937. Leipzig: J. A. Barth 1938. 10. Aufl. 1947. *Positives Christentum 3, Nr. 25,* 1937. *Deutschland, Evang. kirchl. Rdsch. 14, S. 197,* 1937.

213. Erwiderung auf die Antrittsreden der HH. Kraft, Nägel und Vahlen. *S.-B. preuß. Akad. Wiss., S. XCIX—C,* 1938.

214. Determinismus oder Indeterminismus? Vortrag. Leipzig: J. A. Barth 1938. *Europ. Revue 14, S. 958—972,* 1938.

215. Das Wunder der Naturgesetzlichkeit. (Ausz. aus »Religion und Naturwissenschaft«) in: *Die Natur, das Wunder Gottes.* Berlin: Warneck 1938. 3. Aufl. 1940.

216. Arnold Sommerfeld zum siebzigsten Geburtstag. *Naturwissenschaften 26, S. 777—779,* 1938.

217. Max von Laue zum 9. Oktober 1939. *Naturwissenschaften 27, S. 665—666,* 1939.

218. Électromagnétisme. Paris: Alcan 1939.

219. Vorwort zu: Edgard Dreher, Geist oder Buchstabe? Berlin: Runge 1939.

220. Versuch einer Synthese zwischen Wellenmechanik und Korpuskularmechanik. *Ann. d. Phys. (5) 37, S. 261—277,* 1940.

221. Versuch einer Synthese zwischen Wellenmechanik und Korpuskularmechanik. Nachtr. *Ann. d. Phys. (5) 38, S. 272—273,* 1940.

222. Naturwissenschaft und reale Außenwelt. *Naturwissenschaften 28, S. 778—779,* 1940.

223. Versuch einer Synthese zwischen Wellenmechanik und Korpuskularmechanik. 2. Mitt. *Ann. d. Phys. (5) 40, S. 481—492,* 1941.

224. Verbesserung der Wienschen Spektralgleichung. *Verh. d. Deutsch. Phys. Ges. (3) 19, S. 59,* 1941.

225. Sinn und Grenzen der exakten Wissenschaft. Vortrag, geh. im Nov. 1941 in der Kaiser-Wilhelm-Gesellschaft zu Berlin. Leipzig: J. A. Barth 1942. 2. Aufl. 1947. *Naturwissenschaften 30, S. 125* bis *133,* 1942. *Europ. Revue 18, S. 75—88,* 1942. Italien. Übers.: Essen: Essener Verl. Anst. 1943.

226. Warum kann Wissenschaft nicht populär sein? *Das Reich, Nr. 32, S. 9,* 1942.

227. Der Sinn der exakten Wissenschaften. *Dtsch. Allg. Zeitung 81, Nr. 463,* 1942. *Geist der Zeit 20, S. 566—572,* 1942. *Volk und Welt, S. 9—14, April* 1943.

228. Zur Geschichte der Auffindung des physikalischen Wirkungsquantums. *Naturwissenschaften 31, S. 153—159,* 1943.

229. Wissenschaftliche Streitfragen. *Forsch. u. Fortschritte 21, S. 2,* 1945.

230. Gottfried Wilhelm Leibniz zur 300. Wiederkehr seines Geburtstages (1. Juli 1646). *Zeitschr. f. Naturforschung 1, S. 298—300,* 1946.

231. Persönliche Erinnerungen aus alten Zeiten. *Naturwissenschaften 33, S. 230—235,* 1946.

232. Scheinprobleme der Wissenschaft. Vortrag, geh. in Göttingen am 17. Juni 1946. Leipzig: J. A. Barth 1947.

233. Mein Besuch bei Adolf Hitler. *Phys. Blätter 3, S. 143,* 1947.

234. Wissenschaftliche Selbstbiographie. Mit 1 Bildn. u. d. von Max von Laue geh. Traueransprache. Leipzig: J. A. Barth 1948.

235. Erinnerungen. 1. (Als Ms. gedruckt.) Berlin: Keiper 1948.

Herausgegebene Schriften:

1. R. Clausius, Die mechanische Wärmetheorie, 2. Aufl. d, Abh. »Über die mechanische Wärmetheorie«. Bd. 3. Entwicklung der besonderen Vorstellung von der Natur der Wärme als einer Art der Bewegung. Hrsg. zus. mit C. Pulfrich. Braunschweig: Fr. Vieweg & Sohn 1891.

2. R. Clausius, Über die bewegende Kraft der Wärme und die Gesetze, welche sich daraus für die Wärmelehre selbst ableiten lassen (1850). (Ostwalds Klassiker 99.) Leipzig: W. Engelmann 1898.

3. Gustav Kirchhoff, Vorlesungen über mathematische Physik, Bd. 3. Elektrizität und Magnetismus. Leipzig: B. G. Teubner 1891. Bd. 4. Theorie der Wärme. Leipzig: B. G. Teubner 1894.

4. Gustav Kirchhoff, Abhandlungen über Emission und Absorption. 1. Über die Fraunhoferschen Linien (1859). 2. Über den Zusammenhang zwischen Emission und Absorption von Licht und Wärme (1859). 3. Über das Verhältnis zwischen dem Emissionsvermögen und dem Absorptionsvermögen der Körper für Wärme und Licht (1860—1862). (Ostwalds Klassiker 100.) Leipzig: W. Engelmann 1898.

5. Gustav Kirchhoff, Abhandlungen über mechanische Wärmetheorie. 1. Über einen Satz der mechanischen Wärmetheorie und einige Anwendungen desselben (1858). 2. Bemerkung über die Spannung des Wasserdampfes bei Temperaturen, die dem Eispunkt nahe sind (1858). 3. Über die Spannung des Dampfes von Mischungen von Wasser und Schwefelsäure (1858). (Ostwalds Klassiker 101.) Leipzig: W. Engelmann 1898.

6. 25 Jahre Kaiser-Wilhelm-Gesellschaft zur Förderung der Wissenschaften. Bd. 1—3. Berlin: Springer 1936—37.

7. Annalen der Physik 1906—1947.

Nachwort

Die hier vorgelegte Erinnerungsschrift bietet allen denen, die an dem Lebenswerk wie an der Persönlichkeit Max Plancks Anteil nehmen, eine Auswahl aus den zahlreichen Beiträgen dar, mit denen Planck als Mitglied der Akademie wie als Sekretar ihrer Mathematisch-naturwissenschaftlichen Klasse an der Arbeit der Akademie führend beteiligt gewesen ist. Ausgewählt wurden vor allen Dingen solche Stücke, in denen Planck den in jenen Jahrzehnten so bedeutenden Fortschritt der Physik und ihrer Nachbarwissenschaften aus der Lage des jeweiligen Augenblicks heraus beleuchtet und nach seiner Art in größere allgemeine Zusammenhänge gerückt hat. Beigegeben wurden die Antrittsreden einiger anderer Gelehrter, auf die sich Plancks Erwiderungen beziehen, weil so die Worte Plancks in ihrem Richtungssinn deutlicher werden und sodann auch das wissenschaftliche Bild sich besser abrundet. Die Persönlichkeit Plancks, die ohnehin aus jedem seiner Worte spricht, wird durch die ihm gewidmete Würdigung eines seiner bedeutendsten Mitforscher und nahen Freundes zu einem volleren Bild ergänzt, und unmittelbar mag seine persönliche Art zu einem jeden aus den Faksimile-Handschriften sprechen. Das Schriftenverzeichnis wird vielen ein erwünschter Wegweiser sein.

Deutsche Akademie der Wissenschaften

zu Berlin

INHALT

FSC
www.fsc.org
MIX
Papier | Fördert gute Waldnutzung
FSC® C083411

Kolibri 360 GmbH
Ferdinand-Jühlke-Straße 7
99095 Erfurt, Deutschland
produktsicherheit@kolibri360.de